国家公园与自然保护地丛书 | Series of National Parks and Protected Areas

国家自然科学基金青年科学基金资助项目（51708053）

彭琳◎著

风景名胜区整体价值识别与保护

Identification and Protection of the Holistic Value of National Scenic and Historic Areas

U0172368

中国建筑工业出版社

图书在版编目（CIP）数据

风景名胜区整体价值识别与保护 ＝ Identification
and Protection of the Holistic Value of National
Scenic and Historic Areas / 彭琳著 . —北京：中国
建筑工业出版社，2021.11
（国家公园与自然保护地丛书）
ISBN 978-7-112-26772-9

Ⅰ.①风…　Ⅱ.①彭…　Ⅲ.①风景名胜区—规划—研
究　Ⅳ.① TU247.9

中国版本图书馆 CIP 数据核字（2021）第 211094 号

责任编辑：杜　洁
书籍设计：韩蒙恩
责任校对：李美娜

国家公园与自然保护地丛书
Series of National Parks and Protected Areas

风景名胜区整体价值识别与保护
Identification and Protection of the Holistic Value of National Scenic and Historic Areas
彭琳　著

＊

中国建筑工业出版社出版、发行（北京海淀三里河路9号）
各地新华书店、建筑书店经销
北京建筑工业印刷厂制版
北京中科印刷有限公司印刷

＊

开本：787 毫米 × 1092 毫米　1/16　印张：14　字数：246 千字
2021年12月第一版　2021年12月第一次印刷
定价：65.00 元
ISBN 978-7-112-26772-9
　　　　（37912）

序

中国风景名胜区源于古代的名山大川，积淀了数千年的华夏文明，是十分珍贵的国家自然和文化遗产。从远古的山岳崇拜到礼制思想下的山川秩序建构，从儒家的君子比德思想到道家的神仙思想，从佛教名山建设到文人山水审美，都是中国风景名胜形成和发展的文化动因。有趣的是，在古代多种思想文化影响下，风景名胜并未破碎化，反而逐渐形成了比较完整的、有机的区域格局。究其根本原因在于，儒释道三大中国古代主流思想文化在本质上均不重实体概念，而重"关系"的调和以及由此而生的生命情感。简言之，事物个体的意义需在"关系"中得以呈现。正如谢凝高先生曾说，风景名胜区自然与文化融合度越高，整体性越强，审美价值就越高。其中，整体性与审美价值的关联很容易被人忽视，但这恰恰是中国风景名胜区立于世界自然保护地之林的独特之处和价值贡献所在。

本书系我的博士研究生彭琳在其博士论文《风景名胜区整体价值识别与保护策略》基础上修改而成。在博士攻读期间，她先后参与了九寨沟、五台山、泰山、武夷山等国家级风景名胜区的规划研究和实践。在此过程中，她敏锐地观察到了当下过于偏重要素的风景名胜区保护管理与风景名胜区整体性特质之间存在的差距，以及由此带来的种种不利影响；并大胆尝试从关系和整体的视角出发，对风景名胜区现有资源评价与价值识别思路展开批判性思考。这是一项对风景名胜区至关重要的根本问题的探索。在自然资源保护新时代背景下，本书对于重新深入认识我国风景名胜区的独特价值，探索适宜风景名胜区特性的保护管理具有积极的意义。

我们需要关注书中提到的这样一种普遍现象。风景名胜区中明显具有欣赏价值的景物易受关注和保护，而那些看似不太重要、实际在整体性建构中承担着关键作用的景物却被忽视，甚至遭到破坏，导致风景名胜区"形"的破碎和"神"的丧失。事实上，单一要素的意义是在整体关系中呈现，而非局限于要素本身。我在泰山风景名胜区调查时，见过一处位于山谷地区的佛经摩崖刻石，名为经石峪。常年的流水冲蚀使得许多刻字只剩下刻痕。从要素保护角度，我们或许应当罩上保护罩，使刻字免受进一步侵蚀，得以永存。有意思的是，这些刻于沟谷石滩上的《金刚经》文字也许在刻印之初便注入了"成住坏灭""无常"等佛家的根本思想。这种自然与文化的巧妙结合，激发着人们对于变与不变，逝与恒等问题的思考，甚至上升为一种自我与环境交融的畅想和审美体验。这正反映出整体性与启发性审美体验的关联，超越了自然与文化的二分。由此，风景名胜区不应套用强调分门别类、横向比较的价值识别思路。本书提出风景名胜区价值解读应基于整体性研究和整体价值识别，并在"涌现"理论的启发下提出了"驱动-过程-结果"的整体价值保护思路，最后以武夷山为例进行实践，初步完成了从风景名胜区整体性特质到价值保护管理的系统性理论建构。

书中对风景名胜区的整体性研究深受中国古代"形神兼备"的风景文化思想之影响，但并不局限于古代传统，也融入了对自然生态系统的科学认识。这一研究思路既延续精髓，也是适应当今社会的必然选择。在地球进入"人类世""生态纪"的背景下，风景名胜区应当也必将发挥日益重要的生态保护作用。推动风景名胜区走向针对关系、整体的保护并不仅是针对传统的精神、文化和审美层面，也涵盖了对风景名胜区自然生态系统的完整性保护。

当然，在从风景名胜区整体性特质到整体价值保护管理策略的宏大叙事型建构中，仍有许多细节有待完善。例如，在风景名胜区整体价值保护策略一节，提出了对整体价值运作机制的调控，但风景名胜区整体性的形成机制究竟是怎样的呢？此外，我国风景名胜区地域分布广泛，类型多样，风景名胜区整体价值保护理论仍需要进一步的实践验证。

最后，我想借此机会呼吁更多的学者、行业从业人员以及大众关注风景名胜区这一我国重要且独特的自然保护地类型。风景名胜是我国自然保护地体系中唯一一个严格意义上的本土词汇。一个词汇并不只是一个简单的代名词，其本身蕴含着深刻的思想和思维模式。保护好风景名胜，为我们的子孙后代留下珍贵的自然文化遗产和宝贵精神财富是我们这一代人的使命。

是为序。

前　言

风景名胜区是指在人与自然长期共同作用中形成的，具有美学、历史文化、精神和科学价值，自然与人文景观比较集中且高度融合，环境优美，可供人们进行审美、精神文化、科学活动的区域。自1982年起至今，国务院共公布了9批、244处国家级风景名胜区，约占国土面积的1%[①]。风景名胜区不仅对所在地区乃至国家有着难以估量的生态效益，还可发挥陶冶性情、催生思想和灵感等功能，具有极其重要的社会效益。

然而，眼下不少风景名胜区正在从历史上以精神活动为主的场所转变成以经济活动为主的场所，存在追逐营利、商业氛围过浓、增建扩容现象严重、人满为患、与旅游景区概念混淆不清等诸多问题。如今，有意陶冶性情、感悟人生、寻求艺术创作灵感的人群甚至对著名风景名胜区避而远之。风景名胜区精神价值的跌落，使其很难再是精要思想的源泉地。并且，在经济利益驱动下，风景名胜区保护侧重在一些有欣赏价值的景物，而对于自然人文系统的完整保护重视不够。如果持续下去，不仅将导致风景名胜区之"形"支离破碎，人们也很难感知到蕴含于风景名胜区中的"神"。这相当于丢失了我国风景名胜区的精华。在笔者开展的一项针对从事风景园林、建筑和城市规划专业人群的问卷调查中显示，70.9%的受调者表示存在这一问题。

我们需要思考，在现代人"精神生活匮乏""心灵荒漠"等问题凸显的背景下，风景名胜区是否更应当主动发挥其精神价值，供我们当代人享用，并且留给后人？回答是肯定的。那么，我们应该找回风景名胜区的哪些精神价值，并完善对风景名胜区"形"的认知和保护呢，又应当如何找回和完善呢？回答这些问题，正是本书的终极目的。

在完善风景名胜区系统认知，并找回其精神价值的目标下，笔者尝试对风景名胜区资源评价过程进行改进，从认知和技术角度回应上述问题。资源评价，更准确地说，价值识别是风景名胜区规划管理的基础。风景名胜区现有的价值识别技术在解决上述问题上是十分被动和有限的。本书致力于探索适宜我国风景名胜区"形""神"兼备这一整体性特质的价值识别思路与方法，提供风景名胜区价值识别的新工具，并提出相应的保护策略。所谓风景名胜区的"形"，是指风景名胜区的物质实体，由风景名胜区自然人文系统中各要素及其相互间关系构成。所谓风景名胜区的"神"，是指人与自然交融过程中赋予风景名胜区的内在神韵。"形""神"两者共同构成了风景名胜区整体。

① 根据住房城乡建设部2012年12月发布的《中国风景名胜区事业发展公报（1982-2012）》，前8批、225处国家级风景名胜区总面积达10.36km²。

"形神相即"一词借用了南朝齐梁时期的范缜关于精神和形体相联系的理论之说，此处意在表达风景名胜区之"形"与"神"亦是"名殊而体一"，两者相互联系，不可分离。

全书内容核心围绕一个关键问题，即建立适宜风景名胜区自然人文高度融合特质的价值识别方法。这也引发了一连串问题。第一，我国风景名胜区自然人文高度融合特质究竟体现在哪些方面？第二，如何基于我国风景名胜区的特质提升其现有价值识别思路与方法？第三，新的价值识别与方法对于实际保护带来哪些不同？本书中的风景名胜区整体性解读、整体价值识别、整体价值保护与案例实践等4个部分内容将一一解答上述问题。

在章节安排上，整体强调从理论贯穿到实践。第1章对国内外遗产价值识别相关理论与方法进行述评。第2章"风景名胜区的整体性特质"是对风景名胜区自然人文高度融合特质的重新诠释。在此基础上，第3、4章提出风景名胜区整体价值这一概念，构建了基于整体性研究的风景名胜区价值识别框架，包括思路、内容、方法3个方面。第5章提出了风景名胜区整体价值保护框架，包括保护目标、保护对象类型和保护措施类型。进而提出整体价值识别与保护思路在现有的风景名胜区法律法规、技术规范、总体规划过程下的嵌入途径。第6章以武夷山风景名胜区为案例，为读者完整地展示这一套新方法的运用过程。希望本书能够有助于推动风景名胜区走向针对关系的整体的保护，既延续我国风景名胜区的精髓，也使风景名胜区在当下生态文明与精神文明建设中发挥更大的作用。

本书是在我于清华大学期间完成的博士论文《风景名胜区整体价值识别与保护策略》基础上修改整理而成。衷心感谢我的导师清华大学杨锐教授在我论文写作期间给予的悉心指导。让我印象尤为深刻的是，他时常通过"发问"的方式，引导学生主动思考，寻求答案；层层剖析复杂问题的这一过程本身也变得十分有趣。而且，这种"一问一答"的思辨方式让我持续受益。感谢清华大学景观学系庄优波副教授、赵智聪博士以及所有在写作中给予我建议的老师和同学们，每当我思维陷入困境的时候，和大家一次次的讨论给予了我很多启发。本书的修改整理工作是我在重庆大学建筑城规学院工作期间完成，感谢杨露、陈安琪两位同学的帮助和付出。书籍出版承蒙国家自然科学基金青年科学基金资助项目（51708053）和重庆大学建筑城规学院的资助和支持。书中尚有诸多不足之处，还望广大同仁多多批评指正！

目 录

Chapter One 第 1 章 —— 导论

1.1 风景名胜区保护走向对价值的探究

1982 年，我国设立风景名胜区制度。至今，风景名胜区保护事业取得了从无到有、从小到大、从乱到治等多方面的成绩。但风景名胜区保护依然任重而道远，不少风景名胜区面临着极大的压力和挑战，利用强度也在持续增加。如果不主动地明确风景名胜区保护的价值究竟是什么，保护的底线在哪里，协调各方利益的"量尺"是什么，风景名胜区的保护往往只是被动地响应各种挑战。正如以往在工业发展、旅游发展、城镇化、经济高速发展等每一次社会重要变革时期，风景名胜区的保护管理多是被动顺应。尤其是20 世纪 90 年代以来随着旅游业的发展，不少风景名胜区甚至被作为"逐利"工具，通过索道建设、机动车道路建设、旅游服务设施建设等来扩大游客容量的现象屡见不鲜。

在理论研究方面，30 余年来风景名胜区保护管理领域已经积累了一定数量的研究成果。按研究内容的不同，可分为一般理论研究、专项理论研究、案例研究 3 个类别。总体上，作为基础的一般理论研究较为薄弱，对于资源特性认知、价值识别等风景名胜区保护管理的根本性问题的研究仍然不足。未来，随着风景名胜区旅游游憩、社区发展等各种专项理论和应用研究越发细致，越有必要回到对于风景名胜区一般理论的批判性思考和研究。在上述风景名胜区保护实践和理论发展双重需求下，学者们开始探究风景名胜区价值这一基础性的议题。

以上是风景名胜区保护走向价值探究的内因。从外因来看，国际影响不容忽视。1972 年的《世界文化与自然遗产保护公约》提出，应保护具有"突出普遍价值（Outstanding Universal Value）"的遗产地。在 2015 年修订发布的《实施〈世界遗产公约〉操作指南》中，突出普遍价值被定义为"文化意义和 / 或自然意义之卓越，超越了国界，对于全人类的现在和未来而言有着普遍的重要性"。突出普遍价值概念是与世界遗产地相关的所有保护活动的理论基础。只有通过突出普遍价值识别，并最终被认定为具有突出普遍价值的提名地才能被列入世界遗产地名录。突出普遍价值的明确提出，不仅有利于理解遗产地所具有的价值，分析价值保护面临的压力和威胁，指导保护管理，还有利于促进公众认知和教育。

　　在我国，风景名胜区与世界遗产地之间有着紧密的内在联系。自 1985 年 12 月 12 日加入《世界文化与自然遗产保护公约》以来，截至 2020 年 12 月，我国共有 55 处世界遗产地，其中涉及国家级风景名胜区的世界遗产地有 28 项（表 1-1），占我国世界遗产总数一半以上。若将涉及省级风景名胜区（如梵净山—太平河省级风景名胜区）的世界遗产计入统计，所占比例将进一步增加。在风景名胜区申报世界遗产地的过程中，突出普遍价值概念开始被运用于风景名胜区的价值识别。在风景名胜区成为世界遗产地之后，突出普遍价值保护理念也持续影响了风景名胜区的保护管理实践。根据清华大学开展的一项针对我国世界遗产地管理者的"关于国内风景名胜区成为世界遗产地后保护方面变化的调查"显示，成为世界遗产地对于风景名胜区保护管理的影响主要包括：世界遗产从突出普遍价值识别到保护对象的一整套逻辑，扩展了风景名胜区原有保护对象的范围；以突出普遍价值保护为核心的理念更具有前瞻性和灵活性，为风景名胜区总体规划的编制起到了前期和战略研究的作用等。可见，在世界遗产突出普遍价值保护理念影响下，我国风景名胜区也逐渐认识到价值识别的重要性。

　　综上所述，内外因双重驱动下，我国风景名胜区保护开始走向对价值的探究，学界逐渐认同价值识别作为风景名胜区规划管理的基础。

涉及国家级风景名胜区的我国世界遗产一览表　　　　　　　　　　　　表 1-1

类型	编号	世界遗产名称	涉及国家级风景名胜区名称
自然遗产	1	黄龙	黄龙寺—九寨沟
	2	九寨沟	黄龙寺—九寨沟
	3	云南"三江并流"	三江并流
	4	武陵源国家级风景名胜区	武陵源
	5	四川大熊猫栖息地	青城山—都江堰、西岭雪山、四姑娘山、天台山
	6	中国南方喀斯特	云南路南石林、贵州荔波樟江、重庆天坑地缝、广西桂林漓江、贵州潕阳河、重庆金佛山
	7	三清山国家级风景名胜区	三清山
	8	中国丹霞	广东丹霞山、江西龙虎山、贵州赤水、湖南崀山、浙江江郎山
	9	新疆天山	天山天池

续表

类型	编号	世界遗产名称	涉及国家级风景名胜区名称
文化遗产	10	五台山	五台山
	11	秦始皇陵及兵马俑	临潼骊山
	12	长城	八达岭—十三陵
	13	甘肃敦煌莫高窟	鸣沙山—月牙泉
	14	武当山古建筑群	武当山
	15	承德避暑山庄及周围寺庙	承德避暑山庄外八庙
	16	庐山国家级风景名胜区	庐山
	17	丽江古城	丽江玉龙雪山
	18	明清皇家陵寝	南京钟山、北京八达岭—十三陵、湖北大洪山
	19	河南洛阳龙门石窟	洛阳龙门
	20	四川青城山和都江堰	青城山—都江堰
	21	嵩山"天地之中"古建筑群	嵩山
	22	西湖文化景观	西湖
	23	鼓浪屿历史国际社区	鼓浪屿—万石山
	24	左江花山岩画文化景观	花山
自然与文化混合遗产	25	泰山	泰山
	26	武夷山	武夷山
	27	黄山	黄山
	28	峨眉山—乐山风景名胜区	峨眉山

资料来源：基于世界遗产官网（http：//whc.unesco.org/）整理。

1.2　自然资源保护新时代下的风景名胜区使命

　　我国正处于生态文明建设和自然资源保护管理转型的关键时期。2013年年底，中央政府提出建立国家公园体制。这是一项关系全民福祉、生态安全和国家形象的事业。党的十九大报告进一步提出"建立以国家公园为主体的自然保护地体系"的目标。2019年6月，中共中央办公厅、国务院办公厅印发了《关于建立以国家公园为主体的自然保护地体系的指导意见》，提出建立"以国家公园为主体、自然保护区为基础、各类自然公园为补充"的中国特色自然保护地体系。在此之前，我国风景名胜区、自然保护区、地质公园、森林公园、湿地公园等 10 余类自然保护地管理制度并存，存在体系不完善、范围区划不合理、保护缺失、交叉重叠、保护与发展矛盾突出等现实问题。为了构建一个良好的自然保护地体系，必须对现有的各种自然保护地制度进行整合重组。在自然保护地体系重构背景下，我们迎来了风景名胜区保护管理理念与技术调整的关键时刻，亟待解决风景名胜区重新定位，风景名胜区参与优化整合的方式等一系列重要问题。

　　风景名胜区是我国十分独特且重要的自然文化遗产类型，与自然保护地（Protected Area）、自然保护区（Nature Reserve）、地质公园（Geopark）、湿地公园（Wetland Park）、森林公园（Forest Park）、自然公园（Nature Park）、荒野（Wilderness）等舶来概念不同，风景名胜区是我国各种自然保护地类型中唯一的本土概念。应对上述一系列问题时，我们不能直接套用国外概念，需要深入地认识我国风景名胜区的资源特性，提出适宜风景名胜区的价值识别技术。

　　价值识别是衔接资源调查与规划决策的重要环节，是规划与管理的基石。十余年来，风景名胜区面临的开发压力大大增加，国家对于建设风景名胜区控制和管理的精度提出了更高的要求。有必要从满足建设控制需求的角度，研究价值识别如何与分区、游赏等保护管理措施之间更科学合理地衔接，使价值识别更有效地服务于风景名胜区的规划与管理。这对于我国其他各类自然保护地的价值识别工作也具有参考意义。

1.3　风景名胜区现有资源评价体系存在问题的思考

　　事实上，我国风景名胜区在其形成和发展过程中，一直对于"关系"和

"整体"等理念十分重视。谢凝高先生曾言："中国名山大川的产生和发展过程是人与大自然精神关系的深化过程。"从物质空间来看，其经过千百年来不断经营、改建、调整，逐渐成长为一个比较完整的、有机的区域格局。而且自然景观和悠久历史文化融合度越高，整体性越强，风景名胜区的审美价值就越高。王秉洛先生曾提道："自然文化遗产相互影响、渗透、融合、伴生，不可分割，是我国风景名胜区的突出特点，应当将风景名胜资源和环境看作一个整体来实施保护"。美国复杂性理论研究学者约翰·H·霍兰在《隐秩序：适应性造就复杂性》一书中讲道，复杂性和隐秩序理论与中国传统文化有着极大的相似之处，如中国古代贤士绘画作品中的"山边溪流与亭台楼阁相伴"这一看似简单的布局关系，能激发出人对自然的全感观的体验和灵感，并且这种丰富的体验和想象，一旦发展成为意识，就能激发出更为深刻的思想。可以说，中国山水审美传统最大的特点在于对"关系审美"的强调。

以泰山为例（图1-1），其在"中华五岳—东岳泰山—岱阳、岱阴—岱阳登山中路—岱顶"各个层次，每一层次的各要素单体之间都存在精神性联系，构成一个整体。首先，五岳作为一个整体，是自然地理空间与精神意识结合的产物，不仅反映了古人对华夏疆土的认识，对于中华民族的文化认同也有着非常重要的意义。在五岳的背景下，东、西、南、北、中岳各自承担不同的角色。如果撇开五岳，单独看泰山，就失去了从五岳整体角度看泰山所具有的意义。其次，在东岳泰山层次，作为封天场所的泰山主山与周边作为禅地场所的蒿里山、社首山、肃然山等小丘共同构成了完整的封禅体系。泰山主山体又由岱阳和岱阴组成。以岱阴玉泉寺为例，从玉泉寺的大雄宝殿到定南针、极顶和南天门、中天门、红门、岱庙门均位于一条中轴线上。玉泉寺在设计时，极有可能是泰山中轴线的延续。而玉泉寺现存大雄大殿建筑乃1993年重建，建筑本身历史价值不高，但在岱阴、岱阳整体这一层次，可解读出玉泉寺选址的独特性。又如，就岱阳而言，岱庙主要是为了望祭（即遥参）泰山。岱庙、登山中路和岱顶三个区域，三者共同构成了泰山南面主要的登山序列。最后，对于岱顶、登山中路和岱庙各个区域而言，又分别由下一层级的组合关系构成。岱顶的日观峰、月观峰、西尧观顶、东尧观顶、中心庙观群共同体现了我国古人的宇宙空间观。位于登山中路上的一天门、二天门、南天门共同组成的登山序列则是我国风景名胜区特有的空间序列组织方式。岱庙建筑群及其所在的泰安古城与绕城的漯河、梳洗河所共同

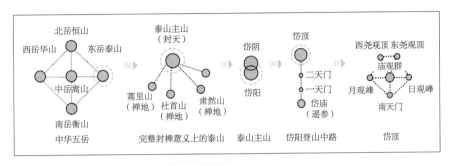

图 1-1 泰山风景名胜区各要素间的精神性联系

构成的格局也十分独特。

再以五台山风景名胜为例，在"佛教四大名山—五台山—五台与台怀镇"各个层次，同样需要在整体和关系视角下认识其独特的价值。比如，仅看东、西、南、北、中的某一台顶，并没有突出的审美价值、生态价值或文化价值，各个台顶从自然生态的角度也没有必然的联系。但是，5 个台顶整体所形成的地理环境符合了《华严经》中关于文殊菩萨道场的描述，古代僧人在此因台建寺，因寺成镇。并且还形成了朝台行为。每年来自蒙、藏地区的佛教信徒们会来五台山朝台修行，以一步一叩的方式走完供奉着五方文殊的东、北、西、中、南 5 个台。由此，5 台共同构成了具有独特精神意义的整体。

综上，如果仅从物质实体层面去看风景名胜区的某一处峰顶、某一门坊、某栋建筑单体，往往其审美或历史价值并不高，很难发现单体的特别之处。也就是说，在认知传统风景名胜的价值时，"关系""整体"等概念十分重要。风景名胜区构成要素单体（比如建筑物、牌坊）本身的价值并不一定高，但通过相互间的某种作用，要素共同呈现出的结果却具有极高的精神价值。这是一种"1＋1＞2"的非线性作用机制，具有乘积效应。这里将此类价值形成机制初步归纳为"关系产生价值"。与我国风景名胜区不同，西方常见的国家公园和国家纪念物更多需要从单体或单一层次去理解其突出之处，如对埃及的方尖碑、金字塔、美国大峡谷的欣赏。价值识别可清晰地划分为宗教、科学、文化和艺术等纬度，并进行类似案例比较。这里将西方的此种价值形成机制初步归纳为"类属比较产生价值"。如果在对传统风景名胜的认知过程中，忽视了关系和精神因素，完全采用对物质实体分门别类的认知方式，理解到的风景名胜区价值将大大降低，甚至可能抹杀风景名胜区的独特性。综上可见，要素间的关系是风景名胜区十分重要的保护内容。

目前风景名胜区价值识别主要是开展资源评价，且普遍采用景源评价法。景源是指能引起审美与欣赏活动，可以作为风景游览对象和风景开发利用的事物与因素的总称。景源评价主要通过对单个景源以及由景源构成的景点进行调查、分类、分级评价来指导资源保护。景源通常分为自然景源、人文景源两大类，天景、地景、水景、生景、园景、建筑、胜迹、风物 8 个中类。景源分级评价主要从景源价值、环境水平、利用条件和规模范围等方面进行。其中，景源价值包括"欣赏价值、科学价值、历史价值、保健价值、游憩价值"等方面。

景源评价法是对风景资源价值定性认知的有利补充，有效促进了对物质要素单体的保护。但由于景源评价法对关系格局、体验过程、精神观念等的重视不足，在开发压力与日俱增的背景下，风景名胜区风景资源极易受到影响。仍以泰山为例，作为禅地场所的社首山被毁，蒿里山被城市扩张蚕食，破坏了东岳泰山封禅意义的完整性；索道建设破坏月观峰顶，影响了岱顶日、月观峰，东、西尧观顶这一空间布局。但在现有的景源评价体系下，蒿里山、社首山、月观峰的破坏只是影响了泰山数百个景源中的若干二级或三级景源，对于资源评价总体结论几乎没有影响。可见，景源评价法未能充分反映风景名胜区的整体性特质及其保护状况。类似的问题也存在于诸多风景名胜区。

除了景源评价法，世界遗产突出普遍价值识别的思路也被应用于部分风景名胜区。这一思路强调横向比较研究，以找到风景名胜区最为突出的价值点。然而，正是由于其最终关注的是一些突出的、局部的价值点，往往侧重对物质结果的价值识别，容易忽视对风景名胜区自身自然人文系统的完整理解。王绍增先生曾提道，用世界遗产的标准审视地域文化，实际上破坏了地域文化。宋峰等（2012）也提出，国家遗产申报世界遗产时，由于套用世界遗产 OUV 的 10 条并不成熟的标准，原本属于"国家遗产"的本体价值及其背后所承载的集体记忆和文化认同被生硬的割裂。因此，亟待从更为综合的、重视关系的整体价值认知视角，对风景名胜区风景价值识别方法展开系统、深入的研究。

1.4　国际遗产价值识别的多元思路

　　价值识别是遗产保护管理的基础，这一观点已受到各国遗产管理者及国际保护组织的普遍认可。但由于保护资源特征和保护目标存在差异，遗产价值识别的思路呈现出多样性。世界遗产突出普遍价值识别思路与方法强调比较研究和专家认知；澳大利亚文化遗产基于价值认识的管理（Values-based Management）方法强调公众参与和文化意义的挖掘；新西兰和美国国家公园强调保护和利用价值的区分；英国国家公园采用比较综合的景观特征评估体系。下面将对上述 4 种思路进行详细介绍。

1.4.1　世界遗产突出普遍价值识别思路与方法

　　世界遗产突出普遍价值强调遗产地价值的客体属性和价值识别的客观性。突出普遍价值评价过程十分注重逻辑性和可说明性（图 1-2），世界遗产领域专家认为，世界遗产地的突出普遍价值由若干遗产地的特质（Attributes）[1]决定，而每一项特质又由若干要素组成，这些要素可被进一步细分为子要素[2]。

　　世界遗产提供了 10 条标准作为突出普遍价值识别的依据（表 1-2）。随着认识的深化，各条标准经历多次修订，但突出普遍价值识别思路基本未发生变化。首先是进行世界遗产提名地形成与演变的概述，然后初步确定价值

[1] 多数国内学者将世界遗产语境中的"Attributes"译为"载体"，但载体一词未突出 Attributes 在特征、属性方面的含义，因此本书译为"特质"。
[2] 引自世界遗产咨询专家 Susan Denyer 在 2009 年 12 月 14～16 日于西欧世界遗产定期报告跟进会议上的发言，发言题目为 *Retrospective Statements of ouv for World Heritage Properties inscribed before 1998*。

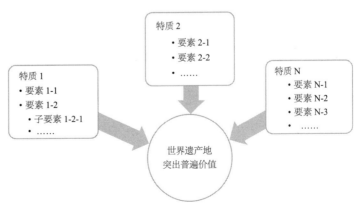

图 1-2　世界遗产地突出普遍价值的构成

主题，并在世界遗产所提供的专题框架或时空框架下进行比较，最后确定遗产提名地的类型，阐述标准符合情况以及真实性和完整性情况（图1-3）。这一思路符合世界遗产委员会1994年发布的提升世界遗产公信力的全球战略目标。该目标提出要"建立起一个具有代表性的、平衡的、具有公信力的《世界遗产名录》全球战略"，强调遗产地应当填补了时空框架或专题框架中的某一空白，或者在时空框架或专题框架中某一类型的典型代表，以保证世界遗产地名录的公众说服力。

世界遗产评估标准　　　　　　　　　　　　　　　　　　　　　　表1-2

类别	编号	标准内容
文化	标准 i	作为人类天才的创造力的杰作
	标准 ii	在一段时期内或世界某一文化区域内人类价值观的重要交流，对建筑、技术、古迹艺术、城镇规划或景观设计的发展产生重大影响
	标准 iii	能为延续至今或业已消逝的文明或文化传统提供独特的至少是特殊的见证
	标准 iv	是一种建筑、建筑或技术整体，或景观的杰出范例，展现人类历史上一个（或几个）重要阶段
	标准 v	是传统人类居住地、土地使用或海洋开发的杰出范例，代表一种（或几种）文化或人类与环境的相互作用，特别是当它面临不可逆变化的影响而变得脆弱
	标准 vi	与具有突出的普遍意义的事件、现行传统、观点、信仰、艺术或文学作品有直接或有形的联系
自然	标准 vii	绝妙的自然现象或具有罕见自然美和美学价值的地区
	标准 viii	是地球演化史中重要阶段的突出例证，包括生命记载和地貌演变中的重要地质过程或显著的地质或地貌特征
	标准 ix	突出代表了陆地、淡水、海岸和海洋生态系统及动植物群落演变、发展的生态和生理过程
	标准 x	是生物多样性原址保护的最重要的自然栖息地，包括从科学和保护角度看，具有突出的普遍价值的濒危物种栖息地

资料来源：引自世界遗产中心于2015年7月8日发布的《实施〈世界遗产公约〉操作指南》，http：//whc. unesco.org/en/guidelines/。

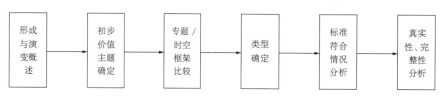

图 1-3　世界遗产突出普遍价值识别思路①

① 改绘自 Jokilehto J. World Heritage：Defining the outstanding universal value. City & Time. [EB/OL]. [2016-02-12]. http://www. ct.ceci-br.org.

综上，在世界遗产语境中，突出普遍价值是由若干世界遗产地的特质所构成。突出普遍价值识别思路强调分类比较研究，并以专家识别为主，整个评价过程十分注重科学性和逻辑性。

1.4.2　澳大利亚文化遗产基于价值认识的管理

澳大利亚国际古遗迹址理事会（以下简称 ICOMOS），在欧洲纪念物（Monuments）价值认识传统的基础上，结合澳大利亚本土遗产特点，提出了基于价值认识的遗产管理方法，用于解决多元主体下的价值挖掘和识别问题，这一技术之后被美国盖蒂研究所发展推广。如今，已在美国、加拿大、英国的保护机构以及联合国教科文组织得到应用，成为国际上比较前沿、广受欢迎的遗产价值识别与保护方法。

基于价值认识的遗产管理方法为何会诞生在历史并不悠久的澳大利亚呢？解开这一谜题需要回溯至欧洲。早在 18 世纪，欧洲已经开始了对纪念物价值的研究。到了 19 世纪，如何促进国家主义、民族国家体制、国民性和国民认同感是欧洲"国家"建设时期的重要议题。传统的，尤其是那些伟大的、著名的、有着悠久历史的建筑，开始被视为当地和国家认同感形成的重要来源，进而被有选择性地运用和保护。与此同时，欧洲工业化的负面影响已经显现，人们将目光投向理想化的"过去"。因而，欧洲许多国家开始建立法律体制和国家遗产保护地。在此背景下，出现了一批有影响力的研究纪念物价值的学者，对国家纪念物进行理性地挑选。其中，奥地利著名艺术史家阿卢瓦·里格尔（Alois Riegl）是纪念物价值分类研究方面具有里程碑意义的人物，开启了精英视角下的遗产保护价值细分的先河。里格尔将纪念物的价值分为两大类：纪念价值和现今价值。纪念价值包括年代价值、历史价值和人为的纪念价值；现今价值包括使用价值和新生价值。这一价值认识体系对后续研究遗产价值的学者产生了深远影响。

在澳大利亚，尽管原住民考古遗址可以追溯到 4 万年以前，但现代殖民历史只有 200 余年，本土没有欧洲传统意义上的如万神庙似的纪念物建筑。因而，最初人们普遍认为澳大利亚本土的殖民文化遗产不具有历史重要意义。到了 20 世纪 70 年代中期，这些殖民文化遗产面临被人们永久忽视甚至彻底遗忘的危险。澳大利亚一些建筑保护学者开始意识到，殖民文化遗产对于澳大利亚国家认同感的促进是有积极意义的，需要重新发掘和认识殖民文化遗产的价值，因其价值不像欧洲那些伟大的艺术品一般不证自明。

在既需要促进国家认同感，又不能采用欧洲纪念物保护模式的背景下，1979 年澳大利亚 ICOMOS 发布了《巴拉宪章》，强调价值认识（Values）在澳大利亚殖民遗产保护中的重要作用。《巴拉宪章》沿用了《威尼斯宪章》中的"文化重要意义（Cultural Significance）"这一概念，并将应用范围从"纪念物（Monuments）"拓展为"场所（Places）"。20 世纪 80 年代，后过程主义考古学的发展进一步促使了以价值认识为中心的保护管理方法的产生。后过程主义考古学鼓励保护专业人士超越学术界，强调对社会价值认识、各界声音和视角的关注。他们认为只有协调社会各方力量，才能真正解决保护面临的挑战。1999 年澳大利亚 ICOMOS 修订了《巴拉宪章》，明确提出基于价值认识的保护思想。

基于价值认识的遗产管理是指："遗产组织、协调、管理工作的首要目的是保护场所的重要意义，而这一重要意义是通过分析所有存在的价值认识（Values）所得到的。"其中，价值认识是指对某一文化群体而言具有重要意义的一些观念，通常包括但不局限于政治、宗教和精神以及道德观念。这些价值认识被赋予场地，每一类价值认识都对应一组有积极意义的对象或场地特征。根据 2013 版修订的《巴拉宪章》，基于价值认识的遗产保护管理包括 7个主要步骤：（1）理解场地；（2）评估文化重要意义；（3）识别影响因子与问题；（4）制定政策；（5）编制管理规划；（6）实施管理规划；（7）监测结果与规划回顾。与世界遗产突出普遍价值体系的不同之处在于，该方法强调认可和挖掘遗产对各类文化群体所具有的精神价值。在 1999 年修订的《巴拉宪章》中，"文化重要意义"的定义明确提出包含精神价值这一类价值（表1-3）。

《巴拉宪章》中的价值分类演变 　　　　　　　　　　　　　　　　　　表 1-3

年份	修订次数	"文化重要意义"定义中提及的价值类别				
		美学价值	历史价值	社会价值	科学价值	精神价值
1979	最初版	○	○	○	—	—
1981	第 1 次修订	○	○	○	○	—
1988	第 2 次修订	○	○	○	○	—
1999	第 3 次修订	○	○	○	○	○
2013	第 4 次修订	○	○	○	○	○

注："○"表示提及；"—"表示未提及。

资料来源：根据澳大利亚 ICOMOS 官方网站发布的《巴拉宪章》历次版本整理。

　　总体而言，该方法强调从官方、权威、精英认识走向民主、多元的价值认知。遗产价值是建构的、有条件的，而不是固有的；离开持有价值认知的人，遗产价值将不复存在。因此，对于文化重要意义的评价和保护不仅需要建筑、考古方面的专家，还依赖当地人的记忆和经验。这一思想也在国际上得到了较为广泛的应用。2005 年发布的《欧洲理事会关于文化遗产对社会的价值的框架公约》(*Council of Europe Framework Convention on the Value of Cultural Heritage for Society*) 试图将遗产价值普遍性和多元性结合起来，鼓励每个人"参与文化遗产的识别、研究、阐释、保护、保育和展示"，"对遗产面临的机会和挑战进行集体反思和辩论"，以降低遗产保护面临的风险，并更好地保护遗产。在加拿大不列颠哥伦比亚省遗产部门出台的《历史场所语境研究及基于价值认识的管理实施指南》(*Guidelines for Implementing Context Studies and Values-Based Management of Historic Places*) 中，社区是价值认识以及土地规划政策决策的主体。

　　当然，也有学者对遗产价值认识多元化的理念提出质疑，认为完全强调多元、个人、自由的价值，将导致"国家意象 (National Vision)"的弱化和保护理念的破碎化，让遗产保护陷入困境。并且遗产应当有着传播特定价值观的功能，完全强调大众多元的价值认知难以发挥遗产对大众的启发、教育功能。甚至有学者认为多元价值和普遍价值二者是无法调和的，应当回归精英式的价值识别。也有学者持相对折中的观点，认为利益相关者可以参与对价值的共同识别，但最终仍需要一个强而有力的保护当局、精英、专家或权威人士来进行综合协调。Shore 提出"保持一定距离 (Detached Distancing)"的公众和个人参与价值识别方式，这一观点极具启发性。

　　此外，价值类别的不断细分也引发了学者的争议。一方面，价值类别的不断细分有助于加深对遗产价值局部细节的理解，但另一方面可能使我们陷入不断细分的局面，难以拼凑出遗产的完整形象。并且，不同价值类别保护的目标和原则之间可能存在冲突。还应注意的是，基于价值认识的管理方法主要应用于建筑遗产保护领域，应用于"活"的自然系统乃至更为复杂的自然人文系统时仍存在局限性。自然遗产保护更多采用的是基于系统 (System-based) 的保护方法。如地质保护学家指出，地质保护关心的问题应该是地貌和土壤过程整体是否得到保护，而非价值的特征是否得到保护。我国的风景名胜区并不是单纯的纪念物，而是自然与人文要素复合的复杂系统。因此，尝试在风景名胜区中运用基于价值认识的保护方法时，需要注意该方法存在的局限性，并致力于改进这一问题。

1.4.3　各国国家公园价值识别思路与方法

1.4.3.1　美国国家公园价值识别中保护与利用价值的二分

"保护公园资源和价值"是美国国家公园管理局明确提出的保护目标。这反映出美国国家公园保护管理对"价值"保护的重视。但美国国家公园并没有统一规范的价值识别方法。基于对美国国家公园《管理政策（2006）》的解读，美国国家公园价值识别思路主要有以下两个方面的特点。

首先，严格区分资源（Resources）和价值（Values）两个概念。前者强调客观的公园资源本体，后者强调公园对人的主观价值。两者均是国家公园保护的目标。《管理政策（2006）》中规定美国国家公园需要同时满足以下4条标准：

第一条，是某一资源类型的典型代表；

第二条，在解说国家遗产的自然和文化主题方面有着卓越的价值或品质；

第三条，为公众享受和科研提供最好的机会；

第四条，完整性程度高，是真实的、准确的、基本未受损害的。

其中，第一条、第四条侧重描述资源，第二条、第三条侧重描述价值。

其次，自然资源与文化资源价值识别基本二分，但有交融趋势。自然资源、文化资源各自有独立的一套清查、评价、分类的方法。同时也应注意到，在《管理政策（2006）》中的自然资源管理章节，出现了文化景观保护、文化资源保护与自然资源之间的联系，文化资源管理章节中也多次出现对自然资源价值的描述，说明自然资源与文化资源价值识别存在交融。

总体而言，美国国家公园价值识别的最大特点在于区分"资源"和"价值"两个概念："资源"强调本体，"价值"强调对人的作用。采取这一思路的原因极有可能是美国国家公园资源本体与人的利用行为之间的界限清晰，不同于我国的风景名胜区。

1.4.3.2　新西兰国家公园强调自然的内在价值

新西兰国家公园价值识别思路与美国国家公园一脉相承。其特别之处在于，将"资源"本体概念上升，突出了"内在价值（Intrinsic Value）"这一概念。1980 年颁布的《国家公园法》（*National Parks Act*）规定，国家公园的管理和维护应当保证国家公园作为土壤、水、森林保护区域所具有的价值得以保持。1987 年颁布的《保护法》（*Conservation Act*）中规定，自然和历史资源的保存和保护是为了维持资源的内在价值，这些价值同时也为公众的欣赏和游憩使用提供了机会。在新西兰保护局 2005 年发布的《国家公园总体政策》（*General Policy for National Parks*）中指出，内在价值是指自身所具有的价值，独立于人类所赋予的价值。并且强调，国家公园因内在价值而存在。生态价值是内在价值之一，是生物及其相互之间以及生物与环境之间联系的内在价值。

在价值识别操作方面，《国家公园总体政策》规定，国家公园规划包括 8 项内容，识别国家公园的价值是第一项内容。以《汤加里罗国家公园管理规划（2006-2016）》为例，汤加里罗国家公园识别出的价值包括 4 个方面、8 项价值：第一是遗产价值，包括作为世界级的遗产、当地文化的遗产以及反映公园建设历史的遗产共 3 项；第二是资源本体价值，即内在价值，包括非生物环境和动植物共 2 项，其中非生物环境主要是指火山地貌及过程；第三是卓越的风景价值 1 项；第四是利用价值，包括游憩利用和经济重要性 2 项。

综上可见，新西兰国家公园重视对自然系统内在价值的认识和挖掘。这一特点的形成与新西兰国家公园整体偏向"荒野"的资源特征相符合。

1.4.3.3　英国国家公园强调对关键特征和特质的评估

与美国、新西兰国家公园的资源特征不同，英国国家公园主要是乡村景观。在价值识别方面，英国国家公园弱化了"价值识别"和"价值评价"，而采用景观特征评估体系。究其原因，英国国家公园涉及的利益相关者（包括当地社区居民）众多，传统认知中的"价值评价（Evaluate）"侧重评价结果以及价值高低，容易引起争议。而"特征或特质评估（Assess）"侧重评估过程，并且相较于"价值评价"主观色彩稍弱。但本质上，英国国家公园特征评估的过程仍然是对国家公园风景价值的评价。

根据英国乡村署 2005 年发布的《国家公园管理规划指南》，国家管理规划主要包括 5 个部分。其中第二部分为识别"国家公园的关键特征（Key Characteristics）和特质（Special Qualities）"。特质识别也运用在英国风景优美地（Area of Outstanding Natural Beauty）、国家风景区等保护地中。苏格兰自然遗产局 2008 年发布的《苏格兰国家风景名胜区特质识别指南》中，特质识别包括 10 个步骤（图 1-4）。其中，第 7 步骤为技术核心，通过实地

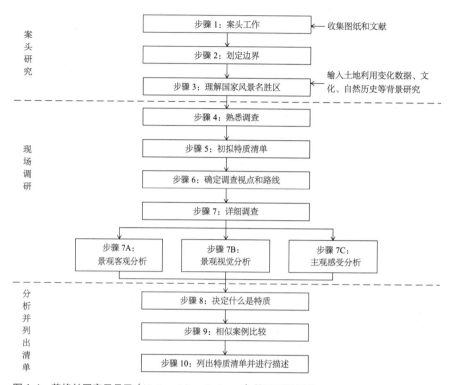

图 1-4　苏格兰国家风景区（National Scenic Areas）特质识别程序

［资料来源：翻译自苏格兰自然遗产（Scottish Natural Heritage）2008 年发布的 *Guidance for Idenfifying the Special Qualities of Scotland's National Scenic Areas*。］

调研，进行景观特征的客观构成、视觉和人的主观感受分析，来共同决定公园的特别之处。在识别主体方面，《指南》提出，国家层面的全局意识和专业的视角是十分重要的。

以湖区国家公园为例，《湖区国家公园管理规划（2015-2020）》中确定了 13 项特质，包括世界级的文化景观，复杂的地质和地貌，丰富的考古遗址和历史景观，独特的农业遗产和公地集中分布，高山丘陵地貌，野生动物和栖息地丰富，湖泊、冰斗湖、河的组合，大量的半自然林地，与众不同的建筑和村落，艺术创作灵感的来源，保护文化景观的范例，旅游和户外运动的悠久传统，安静欣赏风景的机会。再以约克郡谷国家公园为例，《约克郡谷国家公园管理规划（2013-2018）》提炼了整个国家公园的特质，包括自然美、野生动物、文化遗产、体验 4 个方面。自然美包括 10 小项、野生动物 5 小项、文化遗产 10 小项、体验 7 小项。每一小项特质描述都包括"对象（或场景）"和"特征形容"两个方面的内容。从案例中可以发现，特征评估的结果是十分综合的，既有侧重自然方面的特征描述，如"复杂的地质和地貌"；也有侧重历史文化方面的特征描述，如"丰富的考古遗址和历史景观"；还有侧重人主观感受的特征描述，如"艺术创作灵感的来源"。

与美国、新西兰国家公园的资源评价和价值识别相比，英国国家公园的特质和关键特征识别有很大区别，后者相对综合，注重视觉特征分析和主体的感受，未完全依照资源客体的分类。当然，特征评估过程也需要尽可能地客观化。该方法提供了一种超越资源客体分类的国家公园价值识别思路。

综上可见，由于遗产资源特征的差异，国外遗产保护领域采用的价值识别思路和方法各有不同（图 1-5）：从侧重客体的内在价值到侧重主体的主观认知；从侧重完整的对象到侧重对象的部分特征；从强调专家认知到强调公众价值识别；从侧重价值细分到综合性的描述。事实上，遗产价值识别的思路是多样的，并没有绝对正确的、普遍适用的价值识别思路与方法。

另外，通过对国外遗产已有价值识别方法形成背景的解析可以发现，目前国外遗产价值识别的基本思路仍是自然与文化二分的。自然遗产价值识别侧重资源本体的价值识别，忽视主体因素。文化遗产则是从"纪念物"式的价值识别方式发展演变而来的，由于建筑类遗产本身的不动性和固定性，这一方法不重视对客体的系统认知。这种二分的价值识别思路不适合我国的风景名胜区。综上，如何进行风景名胜区价值识别，不能照搬已有方法，需要挖掘风景名胜区自身的特点，探索适宜风景名胜区整体性特质的价值识别思路、框架和方法，进一步指导风景名胜区保护和管理实践。

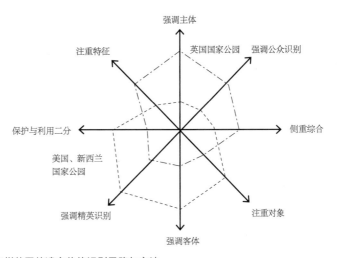

图 1-5　多样的国外遗产价值识别思路与方法

1.5　走向自然与文化整体保护的国际趋势

1.5.1　西方的整体性概念

在论述风景名胜区整体性特质之前，让我们先把视野放宽，对西方的整体性概念以及自然保护领域已有的整体保护思想展开全景式的考察。

英文中的整体性一词最早用于形容人，直到 17 世纪左右才逐渐扩展到形容人之外的自然事物。英文中表达整体性涵义的词语主要有 Wholeness 和 Intergrity。Wholeness 最晚约从 13 世纪开始使用，最初是指人身体的"完好状态"[①]。Integrity 一词略晚，大约产生于 14 世纪，最早意思是"无罪、纯洁、纯净"，是指人言行和信仰一致，为人正直、诚实[②]。其最初词义与整体性没有直接关联。自 15 世纪中期，才开始用作 Wholeness 的同义词，同样主要是指"完好状态"。相较于 Intergrity，Wholeness 作为整体性词义使用的时间更长。

古英语中 Whole 的词源 hal 意思是"全体的；未受伤害的，安全的；健康的，健全的"；hal 也是英文健康一词的词源。荷兰语的 heel 和德语中的 heil 是同源词。根据《牛津英语大词典》的解释，Wholeness 的释义有四点。释义一形容人的身体"健全未受伤害的；未受损的状态；健康"，这一词义现在已经很少使用。释义二是"未分割或者所有组成部分很好结合的状态；统一、一致、完美的状态"，该词义从 14 世纪一直沿用至今，最早是形容在宗教层面人的精神、肉体的完整，而后也开始用于形容国家等其他事物。释义三为"事物的所有、完整"，最晚约从 15 世纪开始使用，约自 17 世纪末期才用于形容人以外的事物。释义四为"部分组成的事物；复杂的统一体或系统；完整的事物"，约自 17 世纪末期开始使用。

从上述词义演变中可以发现：早期 Wholeness 不用于形容自然物，仅用于形容人，自中世纪晚期，Wholeness 一词才扩展到其他事物；此外，Wholeness 最初的词义强调完好的状态，然后逐渐纳入复杂性构成的涵义。

早期的整体性概念并未应用于自然保护领域。20 世纪初期整体论和系统论影响下，对自然整体性的认知得以深化。整体论和系统论对于生态学的最大贡献在于有机整体这一思维。陈望衡等（2003）提到："有机整体"是

① 引自 wholeness. (n.d.). Collins English Dictionary - Complete & Unabridged 10th Edition. Retrieved June 08, 2016 from Dictionary. com website http://www. dictionary.com/browse/ wholeness

② 引自 integrity. (n.d.). Collins English Dictionary - Complete & Unabridged 10th Edition. Retrieved June 08, 2016 from Dictionary. com website http://www. dictionary.com/browse/ integrity

理解西方现代整体性思想的核心。与一般的机械系统不同，有机整体具有复杂性、动态性和过程性。以下首先从 20 世纪初期南非政治家兼律师、学者扬·克里斯蒂安·史末资的整体论对生态学所产生的影响进行说明。

扬·史末资在 1926 年的《整体论与进化》一书中，最早提出了整体论（Holism）。史末资认为，支配世界的是一个整体过程，这个过程是创造性的进化过程，同时也是建立新的整体的过程。在史末资看来，所谓的物质、生活和精神应该是统合的，都是这一不可见的整体过程的某一方面，同时整体过程下形成了三者各自的特征。因而，整体性无处不在，是自然的本质。而整体论是对整体性地描述。Golley（1993）归纳整体论中整体的特点在于：第一，整体不是一个物体，而是一个复杂体；第二，整体与一般简单的机械系统不同，整体有内在趋向性和内在选择性，也就是说整体的构成部分会对环境的变化做出适应性地调整；第三，整体不是部分的补充，而是大于部分之和，整体通过创造性地进化，拥有与部分不同的新特性。至今这些思想仍然是整体论的核心。

之后，南非的生态学家约翰·菲利普斯将史末资的整体论引入生态学领域，来支撑他的复杂有机体（Complex Organism）概念，以解释物种群落的时空分布差异性及复杂性。在此之前，生态学家的工作模式多是将自然拆分为森林、草甸、沼泽、湖泊等类别，然后仅关注其中的一类，列出物种清单。但当生态学家开始思考物种分布的原因时，局限在某一领域是无法给出解释的。由于当时关于自然机制和实践经验十分有限，生态学家因而转向其他科学和哲学寻求类似的概念来加以解释生态学家的观察。整体论思维正是在这一背景下引入生态学领域。

早期整体论影响了生态学家对自然的客观认识。自然不再是机械的系统，而是要素间相互关联的动态有机整体。此后，系统论的进一步发展为自然有机整体这一概念提供了更多有用的模型。

在此基础上，整体伦理思想进一步升华了人对自然整体性的认知和理解。传统伦理学主要关注人与人之间的伦理道德关系。20 世纪中期兴起的环境伦理学区别于传统伦理学，将关注的对象从人类社会扩展到了自然环境，提出了整体伦理的思想。美国著名野生动物学家和保护专家奥尔多·利奥波德（Aldo Leopold）是整体伦理思想的早期代表人物。受到奥地利哲学家怀特海的整体思想的影响，利奥波德提出了"土地伦理应当包括水、植物、动物以及土地"。并在《沙乡年鉴》中给出了评价好坏的标准："一件事或物只要是有利于生物群落的完整、稳定和美丽就是正确的，反之则反。"北美环境哲学、伦理学代表性学者贝尔德•卡利科特（J. Baird Callicott）扩展了利奥波德的环境哲学核心理念，在 1989 年出版的《众生家园：捍卫大地伦理与生态文明》书中提出，生物和生态上的集合体，如种群、物种、生态系统都有内在价值。美国环境伦理学奠基者霍姆斯•罗尔斯顿（Holmes Rolston III）进一步提出，应将自然过程纳入价值评价，"生态系统是自然的创造和培育生命的过程，我们不能只评价生态系统的结果——生物，而忽视使结果得以产生这些过程的系统价值（Systemic Value）"。罗尔斯顿认为，生态系统从时间上说，它是一个过程，是一组生命活力的关联关系。系统价值在于系统的活力和创造力，只有系统运行起来才会产生那些具有内在价值的生物和工具价值的资源。因此，系统价值是内在价值和工具价值的基础。系统价值这一概念对构建综合的风景名胜区价值识别理论具有极大的借鉴意义。

　　当然，也有批评者对生态系统有自身利益这一观点提出质疑，认为所谓的生态系统也许不过就是一组树，森林的价值可能就是每棵树的价值之和。对此，罗尔斯顿进行了反驳，他认为，如果生物群落在相当程度上决定了生活于其中的下一层次的生物的体形与行为，那么生物群落的存在就是实在的。

　　尽管存在种种争论，但无疑整体伦理思想为自然的认知提供了新的思路。其不仅将价值评价的对象拓展到了人之外的土地、水、植物、动物、甚至自然过程，还将价值评价的主体也从人拓展到了自然。自然在人心目中，已不再是令人恐惧的外在对象，而是具有工具价值和内在价值相统一的"系统性价值"（陈望衡，2006）。整体伦理思想已经深刻地影响了西方的自然保护实践。

　　简言之，如图 1-6 所示，西方整体性概念经历了多次扩展，从最初指"人身体健康完好的状态"，到"自然的完好状态"，再到"自然系统的复杂性"，最后扩展至"自然的自身利益"。这一过程反映出西方的整体性概念是从人出发外推至自然。其中，最后两次扩展对现代西方自然整体性概念的理解尤为重要。一次发生在事实性的物质认知层面，20 世纪初期以来的整

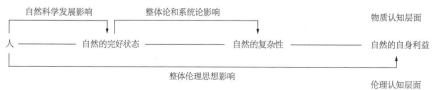

图 1-6　西方整体性概念演变

体论和系统论加深了西方对自然复杂性、过程性、动态性的认知。一次发生在价值性的伦理认知层面，20 世纪中期兴起的整体伦理思想给生态系统等自然物赋予了利益、主体属性，将自然界纳入伦理层面。对自然有机整体的复杂性和内在伦理价值两方面的强调，深刻地影响了西方的自然保护实践，也是西方对世界自然保护的贡献。

1.5.2　从保护"自然要素"扩展到"自然过程"

国际上自然整体保护理念发展主要包括两个阶段。第一阶段，随着对自然复杂性认识的深入和对自然伦理的关注，自然保护从保护"自然要素"走向保护"自然过程"。缓冲区、保护地体系建设、资源整体保护等实践都反映了这一思想。第二阶段，随着对自然与社会系统关系复杂性认识的深入，自然保护从单纯的"自然"走向对"自然－文化"整体的保护。欧洲的整体景观生态学对于这一思想的体现最为充分。

作者以整体保护即"Intergrative conservation、Intergrated conservation 和 Holistic conservation"为关键词进行了文献检索，发现近年来，物种、河流、地质、土壤等各类资源保护研究中都提及了整体保护。总体上看，各类资源保护实践在保护对象上均已经开始强调对过程的保护。此外，各专项资源保护也开始逐渐走向综合，以往土壤、河流、地质、物种保护都归属于不同学科，如今即使是土壤保护、地质保护等以往完全偏向非生物资源保护的领域，也开始强调将保护放在整个自然系统，乃至自然－社会经济系统中进行考虑。以下分别从物种、河流、地质地貌、综合案例 4 个方面进行综述，为准确理解风景名胜区自然整体性打下基础。

1.5.2.1　物种整体保护

在物种保护领域，整体保护已经成为保护生物学 10 个基本概念之一（Lindenmayer et al，2010）。但不同学者提及整体保护的所指有所不同。以下主要归纳为两类。

第一类主要受复杂性整体思想的影响，强调从社会系统或自然系统角度进行过程化的物种保护。从社会系统角度，物种保护强调要纳入社会和文化因子，通过对社会过程、经济过程的调节，实现生物多样性保护的目标。Burger（2008）通过美国野生动物保护区安奇卡岛的案例研究发现，当地生

活的部落民族对自然和文化资源之间的联系认识往往更为整体，区别于喜欢
将自然、文化二分的西方科学家。当地社会的加入有利于自然保护。从自然
系统角度，物种整体保护强调对生物过程的保护。Walker 等（2013）提出，
应当保护植物演进的过程，而不是演进过程中某一时期的格局。尤其在保护
地方特有植物种群时，由于植物种群进化过程十分活跃，采用传统的基于物
种的保护方式会带来诸多问题，如耗费过多精力保护本应被自然淘汰的一
些突变种。Wikramanayake 等（2002）提出主要保护的生物过程应有：独特
的、较高层次的分类类群进化，如特有科属进化；卓越的适应性物种辐射进
化；一定自然范围内移动的、完整的脊椎动物种群；大型脊椎动物迁移；集
体产卵现象；大的、完整的生态系统范例等。由于这些生物过程往往超出了
保护地边界，因而催生了突破边界的保护和保护地体系的建设。比较著名的
案例有大黄石生态系统保护，欧洲的生物保护网络计划以及澳大利亚大东山
脉廊道网络保护等。对于这一类自然保护实践，目前面临的主要问题是，因
为过程是动态的，基于过程的保护很难从管理效果上进行评价，也很难给予
立法上的支持。

第二类主要受整体伦理学的影响，物种整体的保护意味着所有的本土物
种原则上都应当得以延续，不管其是否具有生态、文化或者经济的重要意
义。因此，在确定优先保护的对象时，首先保护脆弱的、濒临灭绝的对象。
强调整体伦理的物种整体保护目前主要应用于濒危物种的保护。实际上，濒
危物种保护并不排斥过程化的保护，物种整体保护实践往往是两者的结合。

1.5.2.2　河流整体保护

对于河流的保护也逐渐走向动态、综合。首先，开始强调保护水文过
程。水文过程保护是多维度的，包括纵向、横向和垂直的过程。纵向过程一
般是指地表河流从上游到下游的自然流淌过程；横向过程一般是指汇水区向
河流集水的过程，以及跨越汇水区的生境联系；垂直过程一般是指地表水和
地下水之间的联系。其次，开始强调保护河流对生物多样性的支撑作用，即
在基因、种群、物种、生态系统不同层次上非生物和生物之间的联系的保
护。Ward（1998）对河流整体保护的保护对象的总结最为全面，认为在保
护河流地貌上应包括保护流域、河道网、水网；大生境、小生境；纵向、横
向、垂直水文过程；以及与生物多样性支撑之间的关系。

美国 1968 年颁布的《野生与风景河流法案》充分说明了水文过程保护

的不同维度。《法案》强调江河自由流淌的重要意义，将河流的自然流淌作为一切衍生价值（包括风景价值、游憩价值、生态价值等）的基础，这是对河流纵向过程的保护。《法案》将河流河岸自然状态进行了分级保护，划分为 3 种类型。第一种是野生自然河流，禁止修建蓄水池，除了徒步道外禁止修建其他类型可达河岸的道路；保证维持水域、河岸处于未受污染的原始状态。第二种是风景河流，禁止修建蓄水池，保持河岸或流域的大部分处于自然原始状态，在不破坏生态环境的前提下，仅可修建少量可达河岸的公路。第三种是游憩休闲河流，可修建可达河岸的公路或铁道，并开展少量沿河开发建设，但严格规定不得新建水库、塘坝等人工水利建设，这是对河流横向过程的保护。在河流垂直过程保护方面，《法案》没有明确规定不可改动河床湖床等自然下垫面，但规定了不能随意改动流域内的自然状态。

1.5.2.3　地质地貌整体保护

人类对地质遗迹探索和保护发端古远，但真正意义上的地质遗迹保护和科学研究工作是现代地质学发展的结果。20 世纪中叶，联合国教科文组织开始进入地质遗产保护工作的全球协调行动。2000 年，联合国教科文组织设立了世界地质公园。截至 2015 年年底，全球已经有 120 处世界地质公园。

随着地质遗迹保护工作的不断推进，学者们开始反思，单独保护具有审美、科研、教育价值的地质遗迹固然重要，但这种保护方法忽略了地质和生物之间的联系，忽视了地质遗迹的内在价值（即地质遗迹在自然系统中的价值和对生态可持续性的贡献）。并且，传统地质遗迹保护主要基于环境地质学和地貌灾害管理科学，是以人类中心主义价值观为主。防止地质水文灾害和土壤退化是为了使其对人类利用的不利因素最小化。对此，Sharples（2002）提出，地质保护应当被整合入自然保护，作为自然保护的基础，传统的地质遗迹保护（Geoheritage Conservation）应当走向地质多样性保护（Geodiversity Conservation）。当今地质保护最应当关心的问题是，地质多样性保护不仅需要保护具有审美、科研、教育价值的那些特征，更需要关注地质地貌及其过程的自然完整性是否得到保护，并起到对生物多样性的支撑作用。在这一理念下，对于地貌、水文和土壤变化的管理，更多是为了保护基岩、地貌和土壤的内在价值。例如，在澳大利亚塔斯马尼亚的喀斯特地貌中生存有适合洞穴的生物。在地质多样性保护理念下，需要整体保护喀斯特地貌以及在其中生存的生物。

1.5.2.4　综合案例：美国国家公园自然资源整体保护战略

资源整体保护战略是美国国家公园自然资源管理的基本战略。20 世纪 70 年代以来，随着对国家公园保护实践的不断反思，资源整体保护战略逐渐得以形成，从生物迁徙、水文过程到星空等对象均被纳入保护对象范围。

美国国家公园管理局发布的《国家公园管理政策（2006）》中明确指出："国家公园局……要保护构成国家公园的生态系统及其自然演进的所有要素和过程。"整体保护对象包括资源、过程、系统、价值 4 个方面。其中，资源包括非生物资源、生物资源；过程包括非生物过程、生物过程；系统是指生态系统；价值是指具有很高使用价值的相关特征（表 1-4）。这里的保护对象涵盖了物种、土壤、自然水文、地质地貌等所有常见的自然资源类别。文件中对每一项保护对象的保护原则做了规定。如对于自然水文过程的保护，明确规定了人们必须尽可能地减少对自然河流的干扰，游客、管理者原则上不允许使用公园内的水源，如果迫不得已使用，必须将使用后的水处理至可排放状态，重新排放入河流，以减少对自然水文量的干扰。

美国国家公园自然保护对象　　　　　　　　　　　　　　　　　　　　　表 1-4

大类	中类	小类
资源	非生物资源	如水、空气、土壤、地貌特征、地质特征、古生物资源、自然声景、天空（包括白天和夜晚）
	生物资源	本地植物、动物和群落
过程	非生物过程	如气候过程、侵蚀过程、洞穴形成过程、自然火过程
	生物过程	如光合作用、生物演替过程、生物进化
系统	生态系统	生态系统
价值	具有很高价值的相关特征	如优美的风景

资料来源：美国国家公园局发布的《国家公园管理政策（2006）》。

1.5.3　从保护"自然"扩展到"自然—文化"整体

20 世纪五六十年代，为了保护斑马等大型野生动物，非洲肯尼亚和坦桑尼亚的马赛土著被迁至保护区外。然而，这一举措并未取得预想的保护效

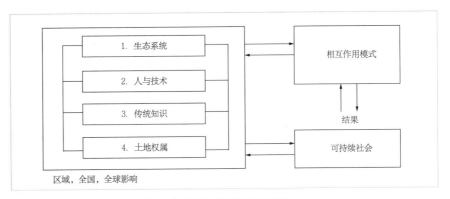

图 1-7　社会生态系统分析框架：4 组要素及其相互作用分析

（图片来源：翻译自 Berkes 等（1998））

果。当地土著极少猎杀大型野生动物，所以斑马等物种会主动选择栖息在村落附近寻求庇护。当土著被集体迁出保护区时，野生动物也跟随居民迁到了保护区外。外来保护者未能认识到当地人与自然长久作用过程中形成的独特依存关系，主观地认为当地土著的生活与自然保护不可兼得。类似的案例在世界各国十分常见。随着对这些失败的保护实践的反思，自然保护视野从纯粹的"自然"保护扩展到了"自然—文化"整体保护。诸多新理论的提出，如 Berkes 等（1998）、Maclean（2013）的"社会—生态系统（Social-ecological System）（图 1-7）"，Santhakumar（1996）的"自然—文化系统（Natural cutural System）"，Makhzoumi（2012）的"生物—文化多样性（Bio-cultrual Diversity）"，Naveh（2000）的"整体生态学（Holistic Ecology）"本质上都反映了这一趋势。

这里以整体生态学理论为例进行介绍。整体生态学的基本观点是，人应当被看作是整个生态系统的一部分，而不是被看作生态系统的干扰因子。因为，长期作用下形成的自然与文化互动的过程有利于提升生态多样性（Hgvar，1994），需要得到保护和维持。如一片长期有放牧活动的草原，适当的放牧有利于物种丰富度和野火控制；完全禁牧反而会降低物种丰富度。整体生态学起源于欧洲，其基本观点也适用于历史悠久的欧洲地区的景观恢复和保护。

在这一基本观点下，整体生态学致力于解析自然系统和人类系统的复杂联系和整体构成。整体生态学从研究对象宽度和深度两个方面区别于传统的生态学。首先，在宽度方面，整体生态学关注点不只是关注自然斑块，还关注半自然的文化景观，如农业景观、城市景观。在深度方面，不仅关注斑块格局，还要理解支撑斑块格局的各种生物、生态和文化过程。整体生态学认为保护的关键在于充分理解这些相互交织的过程之间的动态流平衡机制（Dynamic Flow Equilibrium）或协调机制（Homeorhesis）。整体生态学的实践思路是，"识别景观多层级单元—分析要素对景观整体的贡献—解读机制和过程—识别保护面临问题—调整过程"。

　　一般的保护生态学尽管也会考虑社会人文因子与自然系统的联系，但始终认为自然系统作为保护对象，人类系统是干扰因子。整体生态学注重过程的调节，将与自然系统产生了共生关系的人类系统以及自然系统与人类系统的互动过程和协调机制纳入保护范围（图1-8）。

　　近年来，打破自然与文化二元分离的保护局面已成为国际上遗产保护领域的前沿性话题。澳大利亚考古学家Denis Byrne认为"文化—自然二元论"是连接自然保护和文化遗产保护的主要障碍，并指出西方现代性的本质特点之一就是自然与文化的二元分离，由此连接自然与文化已成为西方哲学背景下的全球议题。史蒂文（2020）提出了"自然文化"（Naturecultures）这一复合词定义人类、非人类、超越人类的要素和景观间的紧密关联。Head（2010）提出了"一种对人类在自然中的嵌入性（而非叠加性的）网络化、辩证的理解"。在实践方面，世界自然保护联盟开启了文化转向，开始关注保护地文化和精神价值，ICOMOS开始提倡对自然和文化价值的整体认知，并促成了世界文化景观类遗产这一新的类型。国际上种种趋势意味着自然环境保护和文化历史保护正逐渐交融。然而，在保护实践中，制定真正能融合自然和文化的管理规划的能力仍然不足。风景名胜区是典型的自然与文化遗产的融合，对其整体性保护探讨具有重要的意义。

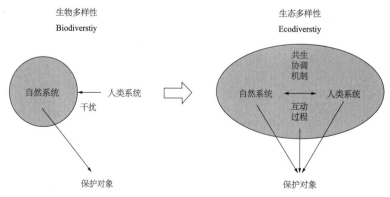

图1-8　整体生态学与传统生态学的区别

1.6　我国遗产整体保护理念与实践

我国在自然遗产和文化遗产领域均开展了整体保护实践。在自然遗产领域，整体保护主要是指建立保护地网络。在文化遗产领域，整体保护主要是指非物质与物质文化遗产的综合保护、活态保护等。近年来也逐渐开始走向自然遗产与文化遗产的整体保护。

在自然遗产整体保护方面，近十年来，尤其在保护地网络化建设方面开展了较多研究和实践，主要通过对需要保护的地区与现有保护地之间进行空缺分析，构建更为完整的保护网络。在文化遗产整体保护方面，诸多学者针对我国文化遗产的特征进行了整体保护研究与实践。吴良镛先生基于北京旧城保护，提出了"积极保护、有机更新、整体创造"的原则。这里的整体并不简单指全部，而是"完整秩序（如轴线、走廊和地区的结合）"，是"生成整体"。吴良镛先生认为"生成整体论"是中国传统规划设计的根基和精华。这个整体是逐步生成的，即每个生成的地方都是整体，加起来是更大的整体。并进一步提出了"整体生成的综合集成"概念（吴良镛等，2012）。邬东璠等（2008）提出，注重长城的整体性保护，保护遗产廊道内所有的自然和文化资源。陈同滨（2014）提出了整体价值这一概念，强调从整体的视角，认识"长安—天山廊道"的遗产价值。张兵（2014）提出了基于"关联性"的研究方法，重新定义历史城镇保护的"整体性"原则。整体不是保护全部，而是保护关系。"关联性"是指在城乡历史文化遗产的产生和演化过程中形成的不同层面遗存之间存在的联系，体现为时间上的历史关系、空间上的区域关系、精神上的文化关系以及要素和结构方面的功能的关系。通过系统发掘这些联系，把对自然的保护、对文化的保护、对具有遗产价值的遗存的保护以及对传统生产方式的保护联系起来，重新认识和评估价值。在这里，价值识别并不是数量的堆砌，比较谁的遗存最多，而是应当认识到有价值的、独特的关联性。关联性的价值识别和保护思路对于认识风景名胜区具有极大的借鉴意义。

Chapter Two　　第 2 章 ——　风景名胜区的整体性特质

2.1 "风景名胜"词义演变

我国传统风景名胜地营建十分重视"关系""整体"等理念。从"风景名胜"一词的词义剖析中可清晰地看到人与自然的交融关系。"风景名胜"中的"风景"是人对自然环境感知、认知和实践显现（杨锐，2010）。"风"最初是指自然现象，但后来越来越多地融入个体情感或群体文化等"人"的因素。与"风景"一词的演变过程恰好相反，"风景名胜"中的"名胜"一词最初是指人，而后逐渐融入山水甚至建筑、古迹等"自然"和"景"的因素。作者通过对《四部丛刊》2009 增补版数据库中的"名胜"一词检索分析（表 2-1），"名胜"一词至迟已经在北齐年代的文献中出现，当时是指名声大噪的才俊之人。到唐宋元时期"名胜"仍指代有名望之士。这些有名望的才俊之人无事时最爱"同游"，"以山水游宴为娱"。明清时期，"名胜"开始用于指代名士们所爱"游"的景物故迹。由此可见，"风景"词义是从指代"自然"到融入"人"的因素，"名胜"词义是从指代"人"到融入"自然"的因素。当代"风景名胜"一词的组合使用，反映出"人"与"自然"两个因素的再度化合。

《四部丛刊》2009 增补版数据库中"名胜"一词检索摘录　　　　　　　　　表 2-1

年代	原文摘录	文献名称
南北朝	"每与周旋行来往名胜许，辄与俱。"	《世说新语》三卷
	"今欲对秋月，临春风，藉芳草，荫花树，广召名胜赋诗。"	《魏书》一百十四卷
唐	"……帝亲观禊，乘肩舆，具威仪，敦、导及诸名胜皆骑从。"	《晋书》一百三十卷
	"会天下无事，与时名胜专以山水游宴为娱，不暇勤业。"	《北齐书》五十卷
宋	"卧龙之游得秋字赋诗纪事呈同游诸名胜聊发一笑……所与游多一时名胜，类皆退让推伏。"	《朱子大全》十四卷
	"天下名胜皆有望于门下矣。"	《象山全集》
元	"江东人士，其名位通显于时者，率谓之佳胜、名胜。"	《资治通鉴》
	"文治可观而武绩未振，名胜相望而干略未优。"	《宋史》四百九十六卷
清	"归田后盘桓湖山，穷浙西诸名胜，撰《西湖游览志》。"	《明史》三百三十二卷

续表

年代	原文摘录	文献名称
清	"黄仲元曰，孙幸老与一时名胜为经社，虽不生芊人之臆，其闻卓然独见者谁乎。"	《经义考》三百卷
	"而乃流连景物，坿会名胜，以为丹青末艺之观耶。"	《文史通义》八卷

注：1. 在《四部丛刊 2009 增补版数据库》中共检索到"名胜"451 处，但多有重复。表中摘录了各时期代表性文字；
　　2. ＿＿＿"名胜"指"人"，﹏﹏﹏"名胜"指"景"。

2.2　风景名胜区自然人文高度融合特征

　　国内学者对风景名胜区自然人文高度融合的特点已有诸多阐述。这里尝试从融合的对象、途径、结果 3 个方面对相关论述进行归纳提炼，以建立更深入的理解。

2.2.1　对象：实景与理想之境的交织

　　西方重视对自然系统的科学认识，认识对象主要是物质的、现实的自然。而风景名胜区往往是接近某种审美理想的地方。人们体验的不仅是现实中的自然环境，更是理想之境。古人往往也将最美好的事物赋予山水。正如《易经·系辞》中的"立象以尽意"所表达出的"意（指向理想之境）"和"象（指向现实之境）"之间的交融关系。

　　例如，对于道家而言，"神仙"居住的地方是环境的审美理想。陈望衡（2012）将这些场所大致归纳为 3 类：一是天宫、龙宫等；二是昆仑山、海上三神山等；三是桃花源之类。第二、三类场所就在地面上，因此也是诸多道人千方百计所要寻找的"仙境"。道家有十大洞天、三十二小洞天、七十二福地，每一处都是理想的"修仙之境"。对于佛家也是同理，如在五台山风景名胜区，五台环绕的地理环境与《华严经》中描述的文殊菩萨道场十分契合，是五台山成为佛教四大名山之一的主要原因。再如，泰山的高大、挺拔、庄严与儒家认同的仁人志士形象相符。古人的营建活动往往也是为了使风景名胜地更加接近理想之境。如泰山游山的登山道，人在步步登高之时，渐渐达到更高的精神境界，这也使得理想之境与现实之境越发交织在一起。

2.2.2　途径：强调对自然的体验感悟

在认知途径上，我国风景名胜区理解自然以"体验感悟"途径为主。而西方则侧重理性地去"认识"自然。正如西方园林设计方法起源于古埃及的丈量术和讲求几何比例的古希腊建筑设计，我国古代则是在真实的时空中"相地"，基于物我交融的体验进行设计。

在我国传统山水文化中，与体验感悟相关的词语有"观、会、体、悟、游、味、触"等，且词义都十分丰富。如"观"并不简单地指眼睛看，还可以是沈括的"以大观小"，即"用心灵的眼笼罩全景，从全体来看部分"；又如"游"也并非仅指"人的移动"，还可以指精神超越空间而自由驰骋，所谓云游、神游。这些词反映体验之时视觉、触觉、听觉、嗅觉、味觉、心觉六感的充分调动与综合。对于感官体验的调动在我国古代园林和城市题名景观中体现十分充分（表2-2）。每一处题名景观描述的都是一种丰富的体验，既有主要调动的感官，又是综合的感官体验。多处题名景观共同构成了层次更为丰富的体验。这种体验并非是西方（如美国国家公园）所理解的自然客体对人的附加价值，而是强调体验感悟本身极具重要意义，最终将人与自然、物我的关系推向一种交融无间的状态。

西湖题名景观五感分析　　　　　　　　　　　　　　　　　　　　表2-2

	西湖十景（南宋）										钱塘十景（元）									
	苏堤春晓	曲院风荷	柳浪闻莺	南屏晚钟	花港观鱼	平湖秋月	雷峰夕照	双峰插云	断桥残雪	三潭印月	冷泉猿啸	葛岭朝暾	灵石樵歌	六桥烟柳	北关夜市	浙江秋涛	九里云松	孤山霁雪	两峰白云	西湖夜月
观																				
味																				
闻																				
触																				
嗅																				

注：■强；▦中；▢弱

体验感悟往往存在一个序列过程。如从一天门、中天门至南天门的泰山登览体验，武夷山船移景换的九曲溪径，最终将人引向更高的审美层次和思想境界。这些丰富的体验和想象，一旦发展成为意识，就能激发出更为深刻的思想。因而，我国传统风景名胜地几乎都与名人大家的思想产生或发展有关，例如，孔子登游泰山时，在泰山主峰脚下的峛崺丘陵中迂回前行，遥望泰山，感慨"仁道在迩，求之若远"。这种体验过程契合了孔子所宣扬"行仁"之说。又如，道人白玉蟾在武夷山的修行与其"止止"说的产生有着密切的关系。事实上，无论是追求至人境界的道家，追求圣人境界的儒家，还是追求真如境界的佛家，都看重体验感悟这一过程。

体验感悟是我国山水文化传统中理解自然的重要途径，是追求和达到精神性"合一"状态的必要途径。如今，我们不仅需要去通过体验，更深刻地感悟这些思想；更应当将风景名胜区继续作为体验的圣地，精要思想的源泉地，催生更多的思想和艺术创作火花。

2.2.3　结果：追求人与自然的精神性"合一"

西方整体伦理尽量将人为主体、自然为客体的关系转变成人与自然两个主体平等对话的关系（曾繁仁，2003），但始终没有跳出"人与自然的事实性分离"这一思维之局限。

在我国传统山水文化中，存在着一种超越人与自然事实性分离的精神性"合一"的状态。在主体与客体之间，唯有审美性的"合"可消释主客体的区别，最后达到"美真同象"，即"主客体之界限、人我之界限、情理之界限都消失了"（陈望衡，2000）。这种状态是从心而发内向超越的结果。如庄子的"内圣外王"和"忘我得道"、宋代陆九渊的"宇宙便是吾心，吾心即是宇宙"、王守仁主张的"心外无物"、张载的"为天地立心""物，吾与也"、周敦颐的"物则不通，神妙万物"等，都反映出我国古代哲人对物我交融、物我同化、物我相忘的精神追求。上述摘录只是我国古代思想和学说的九牛一毛。这种精神追求并未抹杀人与自然双方，人与自然事实性的分离仍然存在。

不少现代学者也持有相似的观点。陈望衡提出环境有 3 个层次：生态平衡意义，物质功利意义，精神价值上的意义。这 3 个层次基本对应了主体与客体之间存在认识性的、功利性的、审美性的 3 种关系。认识性的合在于主体的认识符合客体的存在状况；功利性的合在于客体的改变符合主体功利性的满足；审美性的合在于主体的情意与客体物象二者的化合。前两者主客是两分的，而唯有审美性的合消释了主客体的区别，这是我国传统文化中对于人与自然关系理解的独特之处。谢凝高先生（1991）提出"志在山水，心诚则灵"，认为只有人有诚心，才能打开山水审美的窗口，才能逸情畅神。即使有学者并不完全赞成所谓"天人合一"的说法，认为"天人交相胜"的说法更为合适（王绍增，1987）。但并不能否认"天人合一"作为一种追求的境界，以及在精神层面实现的可能性。

事实上，对象、途径、结果3方面的边界是模糊的，追求物我精神性"合一"的状态本身就是一种体验，实景和理想之境的交融也可能是体验的结果。这种互相促进的过程更加凸显我国传统山水文化中整体性概念的特点。

综上，在对风景名胜区进行价值识别时，如若忽视关系、体验过程和精神因素，认识到的风景名胜区价值将大大降低。换言之，把握风景名胜区价值的关键在于认识其"整体性"。

2.3　风景名胜区整体性辨析

2.3.1　风景名胜区整体性定义

当下风景名胜区整体性概念，除了涵盖我国风景名胜区自然与人文高度融合的特质，还应兼顾自然整体保护以及"生态—社会系统"整体保护的内涵，真正实现风景名胜区的整体保护。据此，作者将风景名胜区整体性内涵定义为风景名胜区自然人文系统中各要素相互联系、相互制约、相互渗透、甚至共同升华结晶，并在人的精神层面合为一体的特点。"相互联系"指物理性的、客观的关系；"相互制约"强调对立事物的统一关系；"相互渗透"指事物虽然分离，但彼此相互交融的关系；"升华结晶"表明人与自然之间的界限消失，在精神层面合为一体。风景名胜区整体性外延包括自然要素间

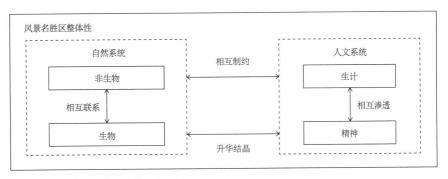

图 2-1　风景名胜区整体性的 4 个层面

的相互联系、自然与生计的相互制约、生计与精神的相互渗透、自然与精神的升华结晶，共 4 个层面（图 2-1）。将人文系统划分为生计与精神要素，借鉴了文化地理学中的分类。自然要素间的相互联系是指自然系统内部的联系。生计与精神的相互渗透是指人文系统内部的联系。自然与生计的相互制约是指自然与生计的功能性联系。自然与精神的升华结晶，侧重人与自然之间的精神联系。

　　风景名胜区 4 个层面整体性存在"从物质性到精神性、从客观性到主观性、从人与自然二分到一体"的渐变递进关系。在一处风景名胜区，往往 4 个层面的整体性都是存在的，但所占比重不尽相同（图 2-2）。

　　需要指出的是，高层面的联系与低层面联系是可兼容并存的，如自然与精神的升华结晶，也不排斥自然与精神的相互渗透、相互制约、相互联系，只是"升华结晶"是这一层面通常追求并可达到的最高状态，其他同理（图 2-3）。

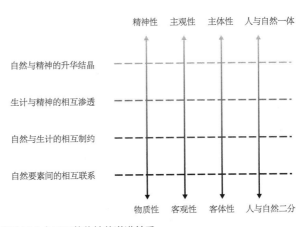

图 2-2　风景名胜区 4 个层面整体性的递进关系

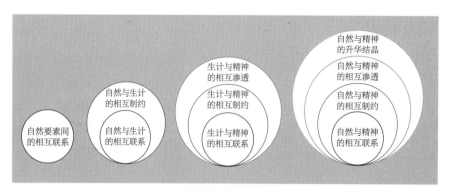

图 2-3　风景名胜区整体性 4 个层面之间的关系

对于整体性的定义既体现了风景名胜区"人与自然高度融合"这一特点，也借鉴了西方在自然系统科学性认识上的优势。其中，"自然要素间的相互联系"主要借鉴西方自然保护经验。西方的自然保护实践经历了多个阶段，从注重分离的个体保护（如对物种个体的保护），到强调重要资源类别的保护（如对种群的保护），再到强调认识不同类要素之间的联系和各种过程（如对生态系统的保护）。从中可见西方对自然要素间相互联系的认识已经经历了长时间的实践和反思，这一方面可以弥补我国以往对风景名胜区科学认识的不足。自然与生计的相互制约关系基本在自然保护地中普遍存在，并且受到越来越多的关注。"生计与精神的相互渗透"以及"自然与精神的升华结晶"是我国风景名胜区的特质，但目前受到的关注仍然不足。

与西方自然保护地相比，风景名胜区在第三、第四层面的整体性更为突出。尽管美国的荒野越来越强调与精神的联系，但相较于我国风景名胜区数千年的积累而言，有如下区别：

第一，我国风景名胜区中人与自然精神关系的深化和积淀时间更长，从"孟""庄"之思想，到明代王守仁、张载之思想，都反映出通过体验和感悟，人赋予自然或者风景意义，而自然内化进入人心，最终达到物我消融的境界。第二，这些思想指导了实践，又强化了情感，并且循环往复。这在美国荒野中是未实现的。第三，长久以来我国传统风景名胜促进了众多精要思想的产生和发展，是体验感悟的圣地和思想的源泉地。这些思想包括修心之道、外化的处世哲理以及对万事万物的认识，从个人到文化群体观念甚至到国家精神。第四，在长时间的积累中，相对于物质性的"形"而言，历史上每一处著名的风景名胜地都具有其相对稳定的、独特的、内在的"神"。通过一定的感知和体验，人便会感受到内在的"神"的存在。

2.3.2　与系统性、完整性概念的区别

系统是自然保护领域十分关注的概念，例如生态系统。整体性与系统性的区别如下：

首先，作为一般概念，"整体（Whole）"的外延大于"系统（System）"的外延。一般认为，整体论包括两类。第一类是系统整体论，又称为集合整体论，认为"整体性概念是来描述某一总体各个要素的关系，关系使得总体出现新的整体的、独立要素不具有的属性"（金吾伦，2006）。第二类是统一整体论，又称为生成整体论。它否认整体的可分性，摒弃要素集合产生整体这个思路，强调只是从整体的特性出发研究整体的产生、变化（孙慕天，1996）。其中，第一类正是系统论所关注的，而第二类不是。也就是说，"整体"概念在外延上，除了包括"系统"，还有不可分的仅作为整体存在的事物。

其次，两者概念内涵不同。在英文中，整体性（Wholeness）最初的意思是完好的状态。"系统性"的词根是希腊语"Synistanai"，意思是"放置在一起，组织，形成秩序（to place together，organize，form in order）"。可见，"整体性"关注最终的完好，而"系统性"侧重系统与要素间关系认识。譬如，"系统"的人关注的是人内部各种子系统间协调配合，使得人体内各种复杂的生命活动能够正常进行。而"整体"的人除了系统之外，还关注人的精神，甚至身心合一。

在风景名胜区中，"系统性"是指风景名胜区中各要素之间的相互联系、相互制约这一特点，包括自然要素间的相互联系、自然与生计的相互制约，主要体现在风景名胜区物质层面的"形"。风景名胜区整体性和一般保护地提及的"系统性"的区别在于，整体性不仅包括系统性，还强调精神联系，包括生计与精神的相互渗透，以及自然与精神的升华结晶。系统性往往通过要素拆解等各种理性方法进行认识，而精神联系需要通过体验感悟来理解。如今，风景名胜区不仅应达到一般保护地系统对保护的要求，还应当继续作为体验圣地和精要思想的源泉地。理想情况下，对系统性的理性认识会加深精神感悟，而精神联系的存在反过来能促进对系统性的保护（图2-4）。但若处理不当，过于强调系统性认识也可能减弱和消除这种精神联系，两者之间变成相减甚至相除的关系，这也是"形""神"两者应当并重的原因。

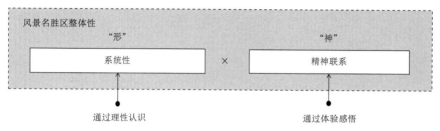

图2-4　风景名胜区整体性与系统性的区别

完整性的英文是 Integrity。如前所述，Integrity 最早意思是"无罪、纯洁、纯净"，以及人言行和信仰一致，为人正直、诚实。其最初词义与整体性没有直接关联。自 15 世纪中期，才开始用作 Wholeness 的同义词，同样主要是指"完好状态"。

完整性作为重要的概念，主要运用在生态学领域，是用来评估生态系统是否完整。之后，扩展到了世界自然遗产，甚至文化遗产领域。根据黄宝荣等（2006）的归纳，对于生态系统完整性概念内涵的理解主要存在两个角度：第一个是从生态系统组成要素的完整性角度，第二个是从生态系统的系统特性角度来描述完整性，如生态系统健康等。在世界自然遗产领域，根据世界遗产委员会发布的 2015《实施〈世界遗产公约〉操作指南》第 88 条规定，完整性是自然和／或文化遗产及其属性的整体性（Wholeness）和完好性（Intactness）的量度（Measure）。完整性评估因子主要包括三方面：第一，是否包含所有承载了遗产地突出普遍价值的要素；第二，范围是否充足，以确保具有重要意义的遗产地特征和过程的完整；第三，是否处于良好的状态，即受到发展和／或因为被忽略导致的负面影响程度。应用于文化遗产领域时，完整性一词出现了意思含混不清的情况。因为，完整性实际上是一个相对的概念，需要有目标状态作为参照。有的学者认为应当与文化遗产最盛期的规模来比较完整性高低，有的学者认为应当从历史信息是否完整来判断完整性，也就是说从古至今的历史痕迹和信息都应得以保留。事实上，对于文化遗产，不可能兼顾最盛期和所有历史信息两个方面的完整。

综上，完整性主要强调要素数量的完整，尤其指遗产地的环境内容不被随意添加或删减。系统性包括了完整性，并且更加侧重要素间的关系。整体性不仅包括系统性，还强调精神联系。

2.4　现有资源评价技术存在的问题剖析

前文 1.3 节已对风景名胜区现有资源评价体系进行介绍。基于风景名胜区整体性特质保护的需求，归纳总结现有的景源式的评价和价值识别实践主要存在以下两方面的问题：

第一，系统性认识不足导致风景名胜区之"形"支离破碎。景源式的评价就景源评价景源、就要素评价要素，虽然有助于促进要素单体的保护，但容易忽视景源要素相互间关系，尤其是自然景源与人文景源间关系，景源与周边环境间关系，景源形成与自然过程、文化过程之间关系等，并且要素自身可能还是不完全的。此外，景源评价本身将利用价值和保护价值混合在一起进行评价，实际上是突出了景源的利用价值，这也使得景源评价不能有效反映风景名胜区的人工化和商业化程度。在实践中，风景名胜区的保护极容易演变成若干点状的景源要素的"围栏化"保护。如在泰山风景名胜区有一处名为"万笏朝天"的地质遗迹，这种峻峭如笏的自然景观是一种垂直节理切割岩石的构造现象。随着构造作用的持续进行，岩石部分崩塌，但为了保证景物的视觉吸引力，管理者暂时采用胶粘剂将岩石粘合在一起，这一做法是否符合风景名胜区保护的本意仍有待商榷。这些现象发生的根本原因在于，我们重视对作为结果的某些自然要素和自然景观进行保护，而对要素和景观所依赖的系统以及各种过程和关系缺乏价值认可。在还原性的视角下，自然被理解为有价值的一些"景物、水体、林草植被和野生动物"。结果，尽管这些要素看似维持着稳定的自然样貌，实际上可能已经越来越人工化、破碎化。

第二，忽视精神价值导致风景名胜区之"神"缺失。不少学者明确提出风景名胜区中人与自然的精神联系具有重要的文化意义。这种人与自然的精神联系往往建立在对主体体验感悟的基础之上，如在五台山风景名胜区，僧人朝台修行感悟与其朝台体验过程是密切相关的。再以九寨沟风景名胜区为例，当地藏民敬奉神山，祈祷"山神"的永驻。因为他们认为，一旦神山（即"山神"）离去，将意味着周边富饶土地和秀丽山川的消失。各藏寨设置了祭祀点祭祀神山。可以说，九寨沟的生物多样性和卓越的自然风景得以维持，与当地传统信仰中的自然保护意识紧密相关。目前的景源评价体系对于体验感悟过程以及人与自然之间的精神联系的重视仍显不足。因此，探索"重视关系、体验过程和精神因素"的风景名胜区整体价值识别思路是十分重要的。

风景名胜区的整体价值

3.1　风景名胜区整体价值概念的提出

风景名胜区整体价值概念是对风景名胜区整体性本身所具有的内在价值的认可。提出风景名胜区整体价值概念有如下两点原因：

第一，自然文化二分的常用遗产价值识别思路并不适用于风景名胜区。国外遗产价值识别思路与方法已呈现出多样化的格局，但总体上仍是自然与文化二分的方式。如何突破"价值类别的过度细分"，进行自然与文化、物质与非物质等综合的价值评价也是国际研究的主要难点。因此需要依据风景名胜区自身的资源特点，探索适宜风景名胜区的价值识别思路、框架和方法。

第二，风景名胜区整体性特质保护目标和现状实践之间存在差距。现有的景源评价方式尽管促进了要素的保护，但对系统性的认识不足，容易导致风景名胜区之"形"破碎。其次，对精神价值的忽视，也易导致风景名胜区之"神"丧失。有必要基于风景名胜区整体性特质，提出一种风景名胜区价值认知、识别与保护的新思维工具，补充当下以要素、状态评价为主的风景名胜区资源评价和保护方式。

风景名胜区整体价值是指风景名胜区多层次整体性所具有的系统功能和精神意义。系统功能，即系统价值，是指风景名胜区自然人文系统具有的、大于要素功能简单叠加之外的功能，如系统的活力、生命力等。精神意义，即精神价值，通常包括风景名胜区具有的宗教精神祈向、促进审美感悟与人生领悟、催生各种精要思想、塑造群体认同感等。风景名胜区整体性是对事实的描述，整体价值上升到价值判断领域。整体价值概念强调从关系视角出发，理解风景名胜区内要素间联系的价值。因此，整体价值的体现并不局限于风景名胜区的实际边界。历史上风景名胜区边界的划定受到行政、管理、认知水平等诸多因子影响，并不一定是体现整体价值的风景名胜区的合理范围。

整体价值概念是与现有的、强调结果的、拆分的、类属比较的、"纪念物"式的突出价值识别方法的区分。作者也曾使用过"价值完整性"一词表达这种区别。但是，"价值完整性"依然容易让人陷入先识别价值，然后进行完整性保护的思维桎梏。如此，与西方的"纪念物"式的价值识别方法本质上并无二致。相较而言，整体价值一词从字面上更能体现出先有整体，再生出价值，即"关系产生价值"的思维方式，符合风景名胜区的整体性特质。

3.1.1　整体价值与内在价值

在遗产保护领域，"价值"一词使用频率颇高，价值一词的"前缀"也越来越多，有内在价值、工具价值、突出普遍价值、保护价值、使用价值、历史价值、文化价值、审美价值等。这些价值概念反映出三种不同的划分逻辑。第一种，按照是否有价值主体，划分为内在价值/存在价值（无价值主体）与外在价值/利用价值（有价值主体）。第二种，按照价值子类涉及领域不同，划分为历史价值、文化价值、科学价值等。第三种，按照价值程度不同，划分为突出价值与非突出价值。为避免本书提出的整体价值概念使得已有局面更加混乱，以下将重点阐述整体价值与内在价值、突出价值概念之间的异同。

"内在价值（Intrinsic Value）"产生于伦理学领域。最早，学者认为只能对人和由人构成的社会才能谈论内在价值。比如，英国哲学家乔治·爱德华·摩尔（G.E.Moore）认为幸福、快乐、知识、美德具有内在价值；德国哲学家康德认为人本身具有内在价值。之后，"内在价值"一词的使用对象由人开始逐渐向外扩展，学者们开始反思自然是否也有内在价值。

内在价值概念核心内涵包括两个方面。第一，内在价值是由内在属性所决定的，无须依赖外界他人或物的态度决定，也无须解释对外界他人或物具体产生了何种内在价值。因为没有比较，内在价值只有有无之别，没有高低之分。第二，内在价值意味着伦理层面的关怀，即一旦被认定具有内在价值的人、事、物甚至过程都应当是被尊重的，被认可的，有权保持原样不被外界改变。尽管有学者质疑，是否真的存在完全不依赖他人或物的价值，但不可否认，内在价值概念在尽可能地去除外部价值主体。

内在价值概念的引入为遗产价值认识提供了新视角。例如，对于生物多样性，从内在价值角度，物种、生态系统的多样性本身就是有内在价值的，如同人的生命，因此从伦理上不能让任何一个物种、生态系统消失。对于任何濒危的物种和生态系统，人都有着救助的义务。从外在价值的角度，生物多样性可以为人类提供各种生态服务功能，功能则有高有低。对于文化多样性价值的认识也是同理。从内在价值视角，每一种文化都有延续自己文化的权利，其自身有着内在价值，无须解释对于其他文化有何意义，尽管通常人们也可以从外在价值视角找出各种各样的意义。内在价值和外在价值并不是互相排斥的，二者是不同的视角，共同丰富人们对同一事物价值的认识（表 3-1）。

内在价值与外在价值概念比较　　　　　　　　　　　　　　　　　　　表 3-1

	价值程度	价值主体	伦理涵义	主要应用
内在价值	有无之别	强调对自身的价值	强调自然和文化延续的正当性，一旦被认可具有内在价值即应被尊重，被保障，可保持原样不受外界改变	珍稀濒危动植物保护；文化多样性保护
外在价值	高低之分	强调对外在人或物的价值	随着人需求和认知的改变发生改变	游憩、教育、经济、科研价值、生态系统服务功能等的解读

事实上，在我国古代，内在价值视角的自然认知一直存在。在山水人格化、神化或德化之后，自然早已被赋予了内在价值，而不仅被认为具有工具价值。风景名胜区的整体价值延续了这一思想。研究认为，风景名胜区整体性具有内在价值。风景名胜区整体价值首先是一种内在价值。也就是说，一旦风景名胜区的整体性被识别出来，即应当被尊重和认可；然后再通过比较分析其是否足够突出，当足够突出时，则应当被颂扬；对于那些不对整体价值构成破坏的非整体价值可被允许；但一旦对整体价值造成破坏，则应当被摒弃。与以往内在价值在物种等要素层面的应用有所不同，这里的内在价值认可是偏向过程、整体。例如，活跃的植物进化过程具有内在价值，而非作为进化结果的若干特有植物，因此没有义务对本将被自然选择淘汰的特有植物进行特别的保护。

3.1.2　整体价值与突出价值

突出价值指自然文化遗产所具有的突出的"自然科学、美学、宗教文化、教育启智、审美、旅游休闲等方面的价值"。通过类属比较研究识别突出价值是一种普遍被应用的价值识别思路，例如世界遗产突出普遍价值概念。正是因为遗产地价值足够突出，超越了种族、国家的限制，才能成为全人类的遗产。清楚地识别突出价值，不仅有助于理解遗产的核心特点，进而更好地向公众展示，还为管理人员提供了保护管理的基石，明确平衡保护与利用关系的"底线"。

突出价值通常是若干子类价值的集合。因为，识别突出价值通常是从各个学科视角对遗产进行"透镜式"的价值发掘和比较。尽管随着学科类别的细化，价值子类越发多样，但突出价值始终不是对遗产地价值的完整认识。

整体价值与突出价值是两种不同价值识别思路产生的不同结果。整体价值是从关系和整体的思维出发，突出价值是从类属和比较的思维出发。整体价值不是与自然科学价值、社会价值、文化价值、审美价值、经济价值等平行的一个价值子类。整体价值支撑和培育突出价值，突出价值是整体价值某方面的凸显。

整体价值和突出价值在保护中的作用也不同。突出价值是风景名胜区价值保护的底线，在迫不得已的情况下，最后保护孤立存在的突出价值是必要的，这一底线不能再被突破。而整体价值是风景名胜区价值保护的理想状态，是对风景名胜区整体的、系统的保护。整体价值识别应是突出价值识别的前提。

3.1.3　什么不是整体价值

第一，非风景名胜区整体性构成的要素或关系所具有的价值不是整体价值，也就是说，不是风景名胜区范围内的所有要素或关系都是整体价值的有效组成部分。那些经过分析之后不属于风景名胜区整体构成的要素所具有的价值不是整体价值。例如，一个没有考虑当地自然条件和文化环境的新建外来社区对外来人具有的社会价值，一个破坏河流自然流淌过程的水库具有的游赏价值，都不能算是风景名胜区的整体价值。此外，对于一些风景名胜区，过度的旅游开发破坏了风景名胜区整体，尽管旅游开发有一定的经济价值，但不构成风景名胜区的整体价值。

第二，即使某一要素或关系是风景区整体性的构成要素，但其价值可以离开系统独立存在，也不能算是整体价值。也就是说，风景区整体性构成要素或关系的价值不都是整体价值的构成。例如，以泰山的中天门坊为

例。从泰山登山中轴整体来看，泰山中天门是从"岱庙—岱宗坊—红门
（一天门）—中天门（而天门）—南天门—极顶这一登山中轴"的重要节
点，共同构成了一个完整的登山序列，体现了泰山的封禅文化，这一价值
属于整体价值。但中天门坊建筑单体本身所具有的一定的历史价值可以脱
离整体环境存在，其不属于整体价值。同理，风景名胜区矿产资源所具有
的经济价值完全可以独立于风景名胜区的整体性而存在，其也不属于整体
价值。

综上，整体价值是从关系视角识别出的风景名胜区多层次整体性所具有
的系统功能和精神意义。除此之外，均为非整体价值。

3.2　整体价值概念提出的意义

在价值认知上，整体价值概念强调风景名胜区系统功能和精神意义是
根源性的价值，重视"关系""活力"等概念，并且更为综合，包括物质
和非物质、自然和人文、主体与客体等因素。因而，整体性可作为现有的
"景源"的扩展，成为风景名胜区资源调查和分析时的核心概念。整体性面
更广，也包含了能够引起人情感的风景名胜区综合感知特性，即风景资源
特征。

以特有植物保护为例，在一定的条件下，植物进化过程会非常迅速，产
生多种特有植物，其中，有的特有植物因为无法进一步繁殖，将会被自然选
择淘汰，而一些突变之后的特有植物因极其适合当地环境而扩散开去。如在
泰山风景名胜区，根据 2004 年由生物、林业专家评审的《泰山拟建省级自
然保护区综合考察报告》显示，泰山是华北鲁中地区重要的种子资源库。泰
山特有植物有 28 种，其中很多都是以泰山命名的，如泰山花楸、泰山柳、
泰山椴、泰山盐肤木、泰山韭、泰山堇菜等，数量稀少，基本上都属于濒危
保护级别，其中泰山花楸仅剩 1 株；70 种山东特有植物中，泰山占 17 种，
均为分化较晚的新特有种。按照传统注重结果的保护思维，保护的重点是每
一个特有物种，不论其是否能够自然繁殖或本应被自然淘汰。在重视系统活

力保护的思维下，更多保护精力应该放在研究究竟哪些条件导致泰山特有植物的进化如此活跃，使其能够成为华北地区高生物多样性区域。以及判断这株仅剩的泰山花楸究竟是成功的进化，还是只是在植物进化过程中将会被淘汰的一次进化结果。因为，只有保护进化过程的活力，即系统活力（系统功能的一种），才能有更多的特有植物产生，提高生物多样性。

再以武夷山风景名胜区为例，对于作为世界自然文化混合遗产的武夷山的保护，朱熹的理学思想及其在武夷山的兴盛发展是保护和展示的重要内容。但是，其实从古至今在武夷山诞生的各种名人思想远远不止朱熹一家，还有诸如白玉蟾的"止止炼意"、扣冰和尚的修禅等道家、佛家各派思想。可以说，武夷山风景名胜区催生了各种精要思想，反映了一方山水与人们思想之间的相互影响和作用，这也是武夷山自然人文系统活力的体现之一。这种活力也是需要我们保护和延续的，而不是只强调保护和展示历史上最为有影响的某一事件或思想。保护和延续了活力，武夷山风景名胜区才可继续作为思想的发源地，催生更多的思想，发挥风景名胜区的精神价值。

在资源评价方面，整体价值识别强调以整体性研究为出发点。风景名胜区价值识别应当从一开始就分析风景名胜区整体性是如何形成和维持的，如何培育出我们目前特别看重的一些突出价值。而不是本末倒置，先识别突出价值再保护完整性。以整体性研究为出发点的风景名胜区价值识别是风景名胜区自然人文系统活力维持的保障。如此，基于价值识别的保护才不至于使价值与其依存的系统割裂，才能避免将风景名胜区看作固化的"自然物"或"纪念物"，丧失活力。

在保护方面，整体价值概念强调对整体价值的维持机制进行保护和调控，而不是直接干预结果。风景名胜区自然人文系统的活力、整体性以及整体价值的发挥都对于一定的机制十分依赖。因而，对于整体价值维持机制的解读十分重要，这一机制是自然机制和人工机制的综合。自然机制包括大气、水、地质、土壤、生物所有自然要素相互之间的运作原理，比如黄龙寺－九寨沟风景名胜区的水文循环机制，泰山风景名胜区的特有植物进化机制。人工机制包括社会机制、文化机制、经济机制等，比如维持九寨沟生物多样性和美景的当地信仰作用机制，支撑五台山"南台妙悟"现象的文化机制，触发武夷山风景名胜区儒道释思想迸发背后的复杂机制。

3.3 风景名胜区整体价值的基本特征

简单梳理我国风景名胜区的形成和发展历史，得到以下 3 个方面的风景名胜区整体价值的基本特征。

3.3.1 历史层积性

随着时间的积累，风景名胜区整体性的层次不断丰富。以泰山风景名胜区为例，从自然地理角度，泰山断块是最早的自然整体。中生代时期（约 2 亿年前），鲁西在太平洋板块的俯冲影响下，形成了北西和北东东向两组 X 形断裂体系，使得菱形块体凸起，其中一个便是泰山断块，总面积达 $426km^2$。这是后来泰山自然人文系统形成的必要条件。随后，在封禅文化影响下，泰山与泰山南麓平原上凸起的小山（位于泰山断块之外）被视为一个整体。周边的小山，如蒿里山、社首山是第四纪平原上突起的石灰岩丘陵，与泰山变质岩出露为主的泰山主山体地质条件截然不同，在植被类型、生物联系上也比较薄弱。从自然生态角度，泰山与泰山南麓平原上凸起的小山并未构成整体，但封禅文化将它们联系成为一个整体。泰山主山体成为封天的场所，周边的小山丘成为禅地的场所。禅地场所在不同的历史时期是不同的，蒿里山、社首山、肃然山等都曾作为禅地的场所。此外，在五岳这一层面，泰山从先秦山川崇拜时期作为诸国地望的名山，至秦汉虽享有一等山川礼遇，但仍与其他名山杂处并提，至东汉时期五岳祭祀制度的成熟，至隋唐时期五岳制度的进一步发展，这 5 座在自然地理上本无联系的山岳才成为具有统一文化涵义的五岳整体。泰山作为五岳之中的东岳，也被赋予新的涵义，成为"东岳大帝"的道场。

总体而言，由于历史上主体不同、历史环境不同等因素，构成风景名胜区整体的自然要素和文化要素都在发生变化，但新的整体性的出现并未抹杀已有的整体性特征，而是在其基础之上不断发展和演变而来的。由此，风景名胜区整体性呈现历史层积性。对于风景名胜区整体性的梳理，首先需要从历史的维度进行挖掘，充分理解风景名胜区整体性构成的各个层面。

3.3.2　相对稳定性

我国传统风景名胜区历史悠久，经历了原始崇拜、山岳祭祀、宗教发展、山水审美等各个时期，是长达数千年的综合沉淀。由于古代我国历史文化连续性好，并且不同文化类型相互交融，风景名胜区价值判断的标准是相对稳定的，风景名胜区的整体价值不断被强化。以泰山风景名胜区为例，泰山的建筑物、牌坊以及山体自然环境拆解后的单体价值并不一定高，但是组合之后具有极高的且单体所不具备的价值，这种组合关系是在对自然充分反复认识的基础上提炼出的，贯穿于泰山的审美、祭祀、道教、佛教和封禅各种文化类型之中，并没有因为文化类型的不同或更迭而被颠覆。

整体价值在相对稳定、连续的同时，也存在一定变化。整体价值是建构的，对于整体价值的判断依赖于话语系统。因此，在一个长的时间尺度上，风景名胜区的整体性和整体价值是有一定的"立"和"破"的关系，会随着话语系统的改变而改变。目前，我们对风景名胜区自然要素间相互作用关系并非完全了解。未来随着科研的开展和认识水平的提高，对风景名胜区自然的整体性的认识也会越来越准确、深入。以武夷山风景名胜区为例，目前风景名胜区和周边保护地之间的生物迁徙过程是不明晰的；又如在泰山风景名胜区，对泰山的水文过程，尤其是地下水过程，知之甚少，尽管已经发现赤鳞鱼分布范围一直在减少，由于机制不明，目前对于水文过程和水生生态系统的保护工作的开展成效不如预期。未来，这些问题将随着科研的开展变得明朗，重塑我们对自然整体性及其价值的认识。

3.3.3　主体多元性

随着主体发生变化，与客体特性的选择性突出不同，所构建的风景名胜区的整体性及其所具有的精神意义也在发生变化。如在泰山风景名胜区，明末时期，随着香客经济的繁盛，更接地气的泰山老奶奶民间信仰蓬勃发展。到了清代，修建了供奉泰山老奶奶的碧霞元君祠，香火鼎盛，是民间祈福求平安的地方。而作为"天子保护神"的"东岳大帝"信仰逐渐衰败，东帝庙曾一度破败不堪。泰山尤其岱顶的封禅祭祀作用逐渐弱化，整体氛围也日趋世俗化。这正是由于主体发生了变化，泰山整体对不同主体具有的精神文化意义也发生了变化。

　　基于上述认识，这里简单说明风景名胜区历史性与时代性的关系。首先，风景名胜区经历了原始崇拜、山岳祭祀、宗教发展、山水审美等不同时期，说明不同时代对山水自然的价值认知不同、需求不同，确实存在风景名胜区历史性和时代性关系这一问题。当下经济活动的时代性已经被人们足够重视，而历史上一直比较重视的精神价值未受到重视。当下风景名胜区精神价值逐渐跌落，取而代之的是各种经济活动的兴起，这是需要引起我们警觉的。规划师需要强调精神价值这一历史性的时代延续，提供追求精神价值、陶冶性情、感悟人生、寻求艺术创作灵感，这一类风景名胜区体验的机会，加深和提高人们对风景名胜区的体验和感悟。

　　综上，首先，风景名胜区的整体价值具有历史层积性，因而对于风景名胜区整体价值的识别需要从时间维度进行解读。其次，风景名胜区整体价值是相对稳定连续的，对整体价值的保护政策是也应当是持续性的。最后，由于风景名胜区整体价值多元主体的存在，在整体价值识别中，需要了解风景名胜区对不同主体代表的精神意义。

3.4　基于整体价值的风景名胜区价值体系

　　基于整体价值概念的风景名胜区价值体系如图 3-1 所示。整体价值主要体现在系统价值与精神价值两个方面，强调的是风景名胜区根源性的价值，侧重对关系、活力和过程的价值认知。风景名胜区的系统功能和精神意义是创造一切衍生价值的基础。

　　这一分类体系并不简单认为保护优先、利用其次。对于风景名胜区而言，表面上体验以及体验过程中产生的精神价值看起来属于利用行为，但对风景名胜区而言是十分重要且根本的价值。这一分类体系有意区分的是如下两个层次：（1）可以不断催生人生领悟、美的感悟等动态的、完整的风景名胜区；（2）专家精英等从各个视角解读的相对静态的风景名胜区局部所具有的突出价值。第一个层次是风景名胜区区别于一般文物建筑、遗址遗迹等最为独特的、重要的价值，但目前尚未受到重视。

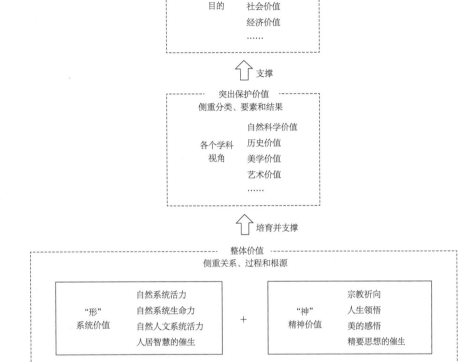

图 3-1　基于整体价值的风景名胜区价值体系初步构建

　　需要补充说明的是，图 3-1 中突出保护价值和其他利用价值并未罗列完全。随着人们对价值理解的加深，这些价值子类是在不断细化和分化。该价值体系的提出是为了推动风景名胜区保护从突出的、针对要素的、结果化的保护走向整体的、针对关系的、过程化的保护。

　　风景名胜区整体价值识别框架

4.1　整体价值识别思路

在风景名胜区整体价值概念提出的基础上，本章将阐述风景名胜区整体价值的识别框架。识别框架主要包括思路、内容与方法、程序3个部分。

风景名胜区整体价值识别思路是以整体性研究为出发点的，与世界遗产突出普遍价值识别思路相比较，最大的区别在于整体价值识别是先进行整体性研究，再进行价值分析；突出普遍价值识别是先进行突出价值分析，再进行完整性分析，所以产生了一些学者提到的价值认知割裂的问题（图4-1）。尽管近年来，在世界遗产领域也提出了完整性、地方价值等概念，但根本思路没有变化。作者尝试从根本上扭转这一思路，提出基于整体性研究的风景名胜区整体价值识别思路。

风景名胜区整体价值识别主要分为两个阶段（图4-2）。阶段一为整体性研究，阶段二为整体价值分析。整体性研究主要包括对自然要素间的相互联系、自然与生计的相互制约、生计与精神的相互渗透、自然与精神的升华结晶这4个层面。从中归纳出风景名胜区具有的根源性的价值，即系统功能和精神意义，并进一步沿着这一思路分析其系统功能和精神意义的重要性，最后指导保护目标、对象和措施的确定。

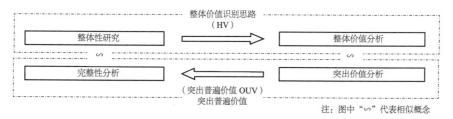

图 4-1　整体价值识别思路与世界遗产突出普遍价值识别思路比较

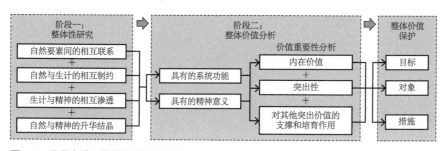

图 4-2　风景名胜区整体价值识别思路

4.2　整体价值识别程序

4.2.1　6个步骤

借鉴世界遗产突出普遍价值识别程序，完整的风景名胜区整体价值识别程序应包括六个步骤：

步骤一：准备阶段；

步骤二：信息收集与整体性研究；

步骤三：整体价值分析及初步结论；

步骤四：整体价值公示与意见征集；

步骤五：整体价值最终陈述；

步骤六：整体价值定期回顾性陈述。

六个步骤形成了一个循环的整体价值识别过程（图4-3）。在这个程序中，规划师、多学科专家、管理者、当地人、公众及其他利益相关者都应该参与进来，凝结共识。

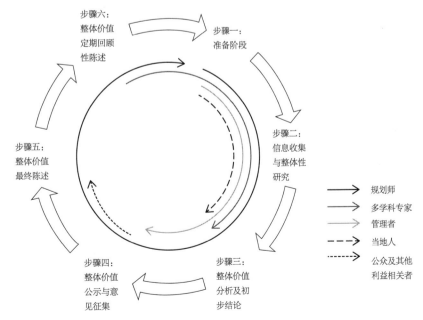

图 4-3　整体价值识别程序及多方参与示意

4.2.2 与现有风景名胜区资源调查与评价体系的嵌入关系

整体价值识别的 6 个步骤与现有风景名胜区资源调查与评价体系的关系如图 4-4 所示。根据《风景名胜区总体规划标准》GB/T 50298—2018，现有资源调查和评价主要包括基础资料与现状分析、风景资源评价、风景名胜区性质确定 3 个环节。整体价值识别程序嵌入这 3 个环节的方式如下：

（1）扩展。整体价值识别程序中的整体性研究和整体价值分析是在现有风景资源评价环节上的扩展。现有风景资源评价中，景源调查与评价无法反映风景名胜区自然系统的人工化（系统的活力丧失）、精神价值的跌落等资源变化情况。景源概念需要进一步扩充，才能作为风景名胜区保护管理的基础。整体价值的识别涵盖对风景资源特性的分析，还包含对自然系统、生计、精神等方面因素的分析。

（2）新增。在现有基础资料与现状分析之前，明确新增整体价值识别程序中的第一步"准备阶段"。准备阶段包括组建多学科团队和确定整体价值识别主体。目前的风景名胜区资源评价中，对多学科团队的重要性强调不够，也并未提及识别的主体。

（3）补充。整体价值识别程序中的信息收集、整体价值陈述分别是对现有资源评价体系中的基础资料与现状分析、风景名胜区性质描述的补充。现有资源评价体系中的这两个环节还需要考虑利用方面的因素。

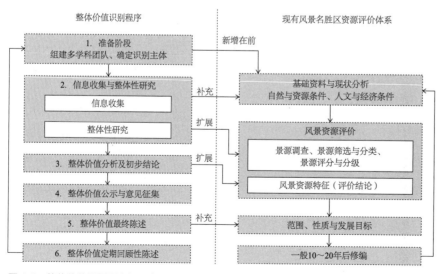

图 4-4 整体价值识别程序与现有风景名胜区资源评价体系的关系

4.3　整体性研究内容与方法

4.3.1　总述

　　风景名胜区整体性研究的主要内容是对风景名胜区整体性的 4 个层面进行解析。在对于风景名胜区整体性的理解中，自然要素间的相互联系是最为基础的。在此基础上，综合分析自然与生计如何相互制约，生计与精神如何相互渗透以及自然与精神如何升华结晶。风景名胜区整体性研究方法讲求"系统认识"与"体验感悟"的结合。

　　"系统认识"侧重理性的拆解分析，以充分理解所有要素之间的联系。这里将前文提及的风景名胜区自然、生计、精神 3 个方面的因子再进一步细分，拆解成10个基本要素（图4-5）。自然因子包括大气、地质地貌、土壤、水文、生物 5 个基本要素。生计因子包括住居、生产 2 个基本要素。精神因子包括信仰、道德、审美 3 个基本要素。生计要素的划分参照文化地理学中的分类。在对精神因子进行划分时，除了有信仰、道德这两类在文化地理学中常见的要素之外，考虑到风景名胜区的特征，还加入了审美。在进行整体研究时，需要依次考察所有基本要素之间的联系。正如斯坦纳等人所说，弄清（场地中）每一个要素之间存在着的联系，对于规划是有重要意义的。

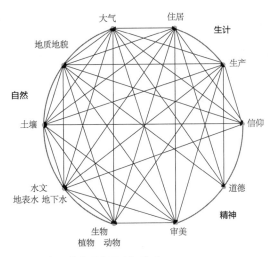

图 4-5　风景名胜区自然人文系统中所有要素间联系

对于理解自然和精神的升华结晶，仅靠理性的要素间联系的认识是不够的，还需要通过体验感悟。在泰山风景名胜区，主要通过对古诗的解析，辅以规划师个人的体验感悟。在五台山风景名胜区，主要通过对朝台僧人和地方专家的访谈。这一方法的关键在于找到这一风景名胜区接近或者达到自然与精神升华结晶状态的主体，然后进行挖掘。这些主体可以是当下的，也可以是历史的再解读；可以是规划师自己的，也可以是其他人的。实践之后认为，通过体验感悟来挖掘自然与精神升华的过程这一方法是可行的，只要主体有这种自然与精神联系的观念，就可以被挖掘出来。

在进行具体的风景名胜区整体价值识别时，主要是从时间维度进行解读。由于风景名胜区各层面整体性涉及的要素不同，采用的具体分析方法也有所不同（表4-1）。并且，每一处风景名胜区情况不同，选用的研究资料也不相同。以下将分别介绍风景名胜区各层面的应用案例，为以后规划师在更多的风景名胜区开展整体性研究提供参考。

风景名胜区整体性研究的方法　　　　　　　　　　　　　　　　　表 4-1

层面	历史解读	现状解读
自然要素间的相互联系	多学科文献分析，二元分析法、多元网络分析法	自然资源普查和跟踪监测
自然与生计的相互制约	风景名胜区相关的地方志等古文献分析	当地社区访谈，观察记录，景观格局分析
生计与精神的相互渗透	风景名胜区相关的地方志等古文献分析，民歌、传说解读	专家访谈，当地人访谈，观察记录，重点了解当地居民、僧人、道士等的生活方式
自然与精神的升华结晶	古代贤士所作的与风景名胜区相关的诗词、游记、图画分析	专家访谈，当地人访谈，观察记录，重点了解僧人、道士等的自然观念

4.3.2　层面一：自然要素间的相互联系分析

通过对世界自然保护联盟 IUCN 提出的 6 类保护地中自然系统保护重要性的分析，可以发现无论保护地自然程度高低，对自然系统的保护都是基础，只是目标状态和保护严格程度不同（表4-2）。对于人类活动干扰极少的地区，例如九寨沟，自然秩序仍起着主导作用；而对于人类活动干扰大的地区，例如经历战争后林木被破坏殆尽的泰山，原有的垂直植被带已经改变，海拔和植物之间的关联性弱，自然秩序的作用与九寨沟比相对较弱。

IUCN 6 类保护地中自然系统保护重要性分析　　　　　　　　　　　　表 4-2

编号	类型	重要程度	自然系统未受干扰程度	面积	保护目标描述
Ⅰa	严格的自然保护区	○○	○○○○○（完全依靠自然自我维持，不开放旅游和游憩）	○○	该区域一般应"有基本完整的预期应有的本地物种，并且达到从生态学角度具有意义的物种密度，或者能够通过自然过程或一定时间的人工干预可以恢复到这一密度"
Ⅰb	荒野区	○○	○○○○（向访客开放但不提供设施）	○○○	"保护自然区域的生态完整性长久维持，不受人类活动的显著干扰，无现代基础设施，自然力量与自然过程占据主要部分""保持自然进化过程"
Ⅱ	国家公园	○○	○○○（向访客开放并提供部分设施）	○○○	"保护自然生物多样性及其潜在的生态结构和起到支撑作用的环境过程"，是"自然地理区域、生物群落、遗传资源和未受损害的自然过程"的典型代表
Ⅲ	自然纪念物或自然地貌	○	○○（鼓励游憩利用）	○	保护突出的自然地貌及其相关的多样性和栖息地。此类保护地主要关注"特殊的自然地貌"，但"这些天然纪念物的保护需要保护更大的生态系统才可以存续，例如瀑布的保护需要保护整个流域"
Ⅳ	栖息地及物种管理区	○	○○（需要持续的管理干预才可以维持）	○	通常只是"保护生态系统的局部"，但最近也越来越意识到"整体的生态系统保护途径的重要性"
Ⅴ	受保护的陆地或海域风景	○	○（生物多样性保护较Ⅳ更加依赖长久的人为干预）	○○	"保护对生物多样性有价值的整体的陆地或海域风景"
Ⅵ	自然资源可持续利用保护区	○○	○○○（需要考虑资源利用）	○○○	"仍然基本保护自然生态系统"，并且"主要从生态系统、景观尺度进行保护"

注：○数量越多，代表程度越高或面积普遍越大。

资料来源：依据 IUCN 官网进行整理 http：//www.iucn.org/about/work/programmes/gpap_home/gpap_quality/gpap_pacategories/［2015.6.12］。

目前，有关风景名胜区的自然地理环境概况介绍通常都是单一自然因子逐个介绍，对自然因子相互之间的联系提及甚少。因此，规划师需要对已有资料充分阅读，在相关专业的配合下，才能解读出风景名胜区自然要素间的联系。这里，首先参考地质学、生态学、土壤学的基本内容，运用二元分析法，梳理出较为全面的自然系统中各要素之间存在的一般联系（表4-3）。二元关系分析是用于认识要素之间联系很好的方法。下面分别以九寨沟风景名胜区和泰山风景名胜区为例，详细剖析风景名胜区第一层面的整体性。

自然要素间的一般联系　　　　　　　　　　　　　　　　　　　　　表 4-3

	1. 地质	2. 地貌	3. 地表水	4. 地下水	5. 气候	6. 土壤	7. 植物	8. 动物
1.地质	1-1 地壳运动，变质作用等影响岩石类型	2-1 不同地貌影响岩石的风化程度	—	4-1 对覆盖岩溶地貌地下岩溶通道的形成	—	—	7-1 影响地质作用	—
2.地貌	1-2 不同的地质作用形成不同的地貌形态	—	3-1 通过沉积作用、侵蚀作用、塑造微地貌（如河床、湖床）	4-2 地下水对浅层地表的支撑作用	—	—	7-2 促进特别的地貌（如钙华地貌）的形成	8-2 珊瑚礁、大型蚁穴的形成
3.地表水	1-3 不同形态地表水（河、湖、瀑等）的形成原因	2-3 影响地表水空间分布	3-3 地表水的自然流淌过程	4-3 泉水出露、径流补给	5-3 形成冰川；影响地表径流蒸发量；雾化吸收作用	—	—	—
4.地下水	1-4 隔水层和含水层不同，是不同形态地下水的形成原因和地下水的空间容器	2-4 地形坡度影响地下水补给	3-4 转换关系和水力联系。地表入渗补给、地表径流补给、出露泉水再入渗补给予	4-4 地下水内部循环过程	—	—	—	—
5.气候	1-5 主要通过地貌影响微气候环境	2-5 微气候	—	—	5-5 大气过程	—	—	—

续表

	1. 地质	2. 地貌	3. 地表水	4. 地下水	5. 气候	6. 土壤	7. 植物	8. 动物
6. 土壤	1-6 转化关系：不同岩石形成不同类型、不同厚度、不同肥沃度、不同孔隙度的土壤类型	2-6 坡度影响土壤的发育程度和厚度	3-6 淤积作用和生物沉积作用，形成腐泥、硅藻土、泥炭等	—	5-6 风化、堆积和侵蚀作用来影响土壤的形成	6-6 土壤发育过程	—	8-6 粪便作为土壤肥力来源；微生物影响土壤性质
7. 植物	1-7 一些地质作用促进植物化石的形成	2-7 形成垂直带谱；影响植被群落分布	—	4-7 影响阳坡、阴坡光照等植物生长环境	—	6-7 土壤肥力对植物的影响	7-7 植物物种进化、演替、繁殖过程	8-7 促进花粉传授；为种子发芽提供条件
8. 动物	1-8 为一些动物提供天然栖息地或影响一些动物行为；促进化石形成	—	—	—	5-8 影响动物的繁殖、迁移、休眠以及觅食	6-8 影响昆虫生境	7-8 影响动物的栖息地和食物供给	8-8 食物链

注：表中"N-n"是指为 N 对 n 的影响，"—"表示两要素直接联系较弱，但并非表示两要素间不存在联系。

4.3.2.1　九寨沟风景名胜区

九寨沟风景名胜区位于四川省北部，临近甘肃省南部，属于四川省阿坝藏族羌族自治州九寨沟县域范围。20 世纪五六十年代，九寨沟风景名胜区由于林木开采才逐渐被外人所知。1978 年被国务院批准为国家级自然保护区。1982 年，与相邻的黄龙合在一起被列为国家重点风景名胜区。其中九寨沟风景名胜区面积为 720km^2。1992 年 12 月，九寨沟国家级风景名胜区被列入世界自然遗产。

（1）内部自然要素间相互联系

通过文献查阅、专家访谈、并结合多元网络分析法，可以发现，九寨沟风景名胜区自然要素间的相互联系体现在：地质、地貌、水文、大气、光照、土壤、植物、动物紧密相关。每一个要素都是在整个自然系统中形成和演变（图 4-6）。

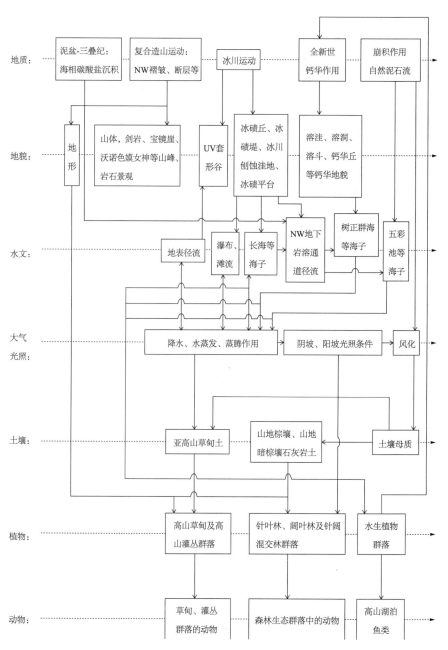

注：单向实线箭头是指一要素影响另一要素，双向实线箭头是指要素间相互影响。

图 4-6　九寨沟风景名胜区自然要素间联系分析

从图中可以看到，在九寨沟风景名胜区，地质、地貌、水文、大气光照、土壤、植物、动物要素间是如何相互联系的。总厚大于4824.6m的泥盆至三叠纪的海相碳酸盐沉积为巨大的地下岩溶通道的形成提供了条件，这是九寨沟钙华景观形成的地质基础。之后的复合造山运动形成了九寨沟南高北低、山峰高耸、河谷深切的地形，以及宝镜岩、色嫫山、达戈山等山峰、岩石景观。冰川运动、全新世钙华作用、崩积作用形成了数量众多、形态不同的高原湖泊。崩积作用形成的碎石滩经过风化，成为土壤母质。碳酸盐岩石的土壤母质决定了该地区以土壤肥力不高的石灰岩土为主，植被一旦受到破坏，便难以恢复。丰富的自然生境，加上常年人类活动干扰程度低，九寨沟森林生态系统野生动植物物种多样性非常高。但湖泊为典型的贫营养型高山湖泊，鱼类仅有梭形高原鳅（*Triplophysa leptosoma Herzenstein*）和嘉陵裸裂尻（*Schizopygopsis kialingensis Tsao et Tun*）2 种。对这些要素间联系的认识也有助于了解当我们干预其中一个要素时，还可能会影响其他哪些要素。例如，如果我们清理了高山的乱石滩，将可能会影响土壤母质来源。

　　九寨沟自然系统是一个整体，每一个自然要素都在整个自然系统的影响下形成和演变。例如，被列入世界遗产的 108 个湖泊有自然泥石流崩积作用形成的，有钙华作用形成的，还有在古代冰川遗迹之上形成的。并且，自然泥石流、钙华作用还在持续发生。也就说，保护的重点并不在于 108 个湖泊数量的完整，湖泊的具体数量可能会随着自然作用发生变化。保护湖泊的形成过程尽量不受干扰才是重点。现在，随着沟谷地区的开发利用，泥石流防治对于新湖泊形成的影响是尚未受到关注的。

（2）与外部自然要素相互联系

　　目前关于九寨沟风景名胜区与周边环境的自然联系的研究主要在水文和生物过程两方面。在水文过程方面，基于九寨沟水循环系统的研究，目前基本可以确定九寨沟是一个完整的水文地质单元，与邻近含水单元无水动力联系。在生物过程方面，在生态学专家的帮助下，初步确定了九寨沟在区域大熊猫保护中的地位，并确定了潜在的迁徙廊道。九寨沟处于四川岷山山脉大熊猫栖息地的北侧边缘。由于 20 世纪 80 年代，九寨沟风景名胜区箭竹等大面积开花，九寨沟风景名胜区不是大熊猫的主要栖息地，但近年来随着箭竹的恢复，已经多次发现大熊猫扩散进入九寨沟风景名胜区。九寨沟大熊猫的消失可能是因周期性的波动，未来仍有可能成为周边大熊猫栖息地的扩散区域。结合生态学家的研究，确定了九寨沟和周边地区之间存在的潜在大熊猫迁徙廊道（表 4-4）。了解这些联系对于九寨沟与周边的整体保护至关重要。

九寨沟风景名胜区与周边的潜在大熊猫迁徙廊道　　　　　　　　　　　　表 4-4

编号	廊道名称	最高海拔（m）
1	白河磨房购顶部—双池—九寨纳久坡	3900
2	勿角马结果沟山顶—九寨沟扎如沟源头信扎	3700
3	勿角拉拉坪—九寨沟长海	4000
4	王朗大窝凼—九寨沟九千米沟	2700
5	长征林场沟—扎玛且莫普德山亚口—曲那俄沟—日则沟原始森林	4060

资料来源：参考《九寨沟自然保护区的生物多样性》。

4.3.2.2　泰山风景名胜区

泰山是我国著名的风景名胜区，位于山东省济南市与泰安市的交界。1982年，泰山被国务院列入第一批国家级重点风景名胜区，面积约 120km²。1987年，泰山风景名胜区被列入世界自然与文化遗产。2006 年 9 月，泰山风景名胜区被列入世界地质公园。泰山历史上的自然生态状况经历了"保护—破坏—恢复—再破坏—再恢复"5 个阶段。古老的泰山原始自然林木极其茂盛。史志记载："茂林满山""乔林丰樾"。自唐代以来，也一直有护持山林的诏令，严禁樵采，故原生植被保存殊完。虽"无丰林乔樾"，然仍有柏林松海。明代泰山屡遭砍伐，破坏严重。清代补种后，渐复葱茏。民国时期利用泰山"石间带土，于林为宜"，开始经营林业，恢复至无旷土的程度。1930 年之后由于战乱和灾荒，泰山植被再遭严重破坏。中华人民共和国成立前仅余残林 200hm²，森林覆盖率不足 2%[①]。中华人民共和国成立后，积极开展大规模的人工造林。到 20 世纪 60 年代，泰山实现了全面绿化。20 世纪 90 年代，泰山风景名胜区的工作重心已经逐渐从单一的木材经营转向保护生物多样性、森林资源、森林景观等。目前泰山森林覆盖率达 95.8%，植被覆盖率达 97% 以上。国家Ⅰ、Ⅱ、Ⅲ级保护植物 10 种。国家一级保护动物 2 种，二级国家保护动物 30 种。综上，泰山的生态系统受人类活动干扰程度与九寨沟风景名胜区相较更高。

（1）内部自然要素间相互联系

通过多元网络分析法，可以清晰地发现，泰山风景名胜区地质、地貌、土壤、气候、水文之间联系较为紧密，这些要素与植物、动物之间的联系相对较弱（图 4-7）。

① 引自《山东省泰安市泰山林场森林经营方案（2011-2020 年）（2013 年修编论证稿）》。

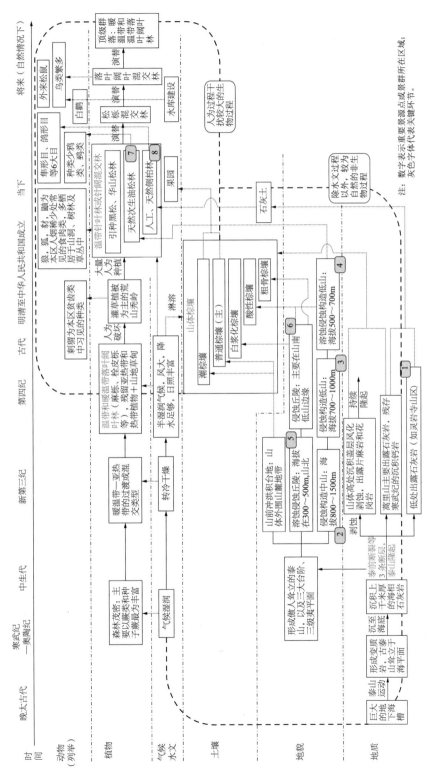

图 4-7　泰山风景名胜区自然要素间联系

　　泰山自然系统是长期以来的地质变化、气候水文影响、土壤演变、生物群落演替、食物链运作和人工干扰共同作用的结果。中生代时期（约 2 亿年前），鲁西在太平洋板块的俯冲影响下，形成了北西和北东东向两组 X 形断裂体系，使得多处菱形块体凸起，其中一个便是泰山断块。距今 1 亿年左右的燕山运动中，本区迅速隆升崛起，逐渐形成今天傲人耸立的泰山，目前泰山仍以每年 0.5mm 的速度继续上升。由于隆起的泰山遭受风化剥蚀，最后在山体高处覆盖的沉积盖层（石灰岩）剥蚀，出露了片岩、片麻岩及花岗岩类古老变质岩，称之为"泰山杂岩"。山脚下则主要为石灰岩山区，例如灵岩寺地区。而处于泰山南盘的泰莱盆地中的蒿里山，仍残存寒武纪的沉积钙岩，地质学家从中发现了极具科学价值的"蒿里山虫"。泰山地势北高南低，西高东底，南陡北缓，南坡在不到 10km 的范围内海拔上升了 1300 余米，形成了独特的微气候。雨水较市区充足，岩石空隙发达，地下水水质好。土壤以片麻岩和花岗岩为母质的棕壤为主，除了局部灵岩寺属于石灰岩地区，总体而言水土条件好。明清以前的古代泰山有茂密的森林，以温带和暖温带落叶阔叶林为原生顶级群落。由于古气候的几次变迁，遗留部分热带和亚热带植物。但因明清以来的破坏，现在的森林主要为天然油松次生林、人工侧柏林和杂木林。

　　在此基础上，将上述网络关系转化成自然因子的二元关系图表，可以进一步细致地分析这些联系，可以看到这些联系中哪些因素处于关键位置，并与更多的因素发生了联系。泰山风景名胜区中地质、地貌因素是处于关键位置的，几乎与所有其他要素都存在联系（表4-5）。

泰山风景名胜区自然因子二元关系分析　　　　　　　　　　　　　　　　　　 表4-5

	1. 地质	2. 地貌	3. 地表水	4. 地下水	5. 气候	6. 土壤	7. 植物	8. 动物
1. 地质	—	2-1						
2. 地貌	1-2	—						
3. 地表水		2-3	—	4-3	5-3		7-3	
4. 地下水	1-4			—				
5. 气候		2-5			—			
6. 土壤	1-6					—		
7. 植物		2-7			5-7	6-7	—	
8. 动物	1-8		3-8				7-5	—

注：（1）表格中颜色越深代表联系越强，反之则反；

　　（2）图中编号 N-n 表示 N 对 n 的影响，具体内容在表 4-6 中进一步解释。

　　这些联系在空间形态、时期上也是不相同的（表4-6）。空间形态包括尺度大小和形态。尺度大小是指联系是局部的或全局的；形态是指联系是发生在点状区域、线状区域或面状区域。这主要取决于要素分布的点状分布（例如古生物遗迹）、线状分布（例如河流）、面状分布（例如土壤、地质、地貌）。点状分布有如古生物遗迹，线状分布如河流；时期包括历史的或持续的。以泰山地质与地貌之间的联系为例。泰山断块的持续隆起是雄伟的泰山山地地貌形成的主要原因。这一作用关联程度是强的，空间上是4条断裂带围合的泰山断块，时间尺度从25亿年前至今仍在持续，驱动因素为鲁西在太平洋板块的俯冲力，自然因子相互联系，形成了自然系统这一整体。对这些联系特性的认识，也会加深对风景名胜区自然系统的理解。

泰山风景名胜区部分自然因子二元关系一览表　　　　　　　　　　　　　　　　表 4-6

编号	关系	时期	空间形态
1-2	中生代时期（约2亿年前），鲁西在太平洋板块的俯冲影响下，形成了北西和北东东向两组X形断裂体系，使得菱形块体凸起，其中一个便是泰山断块	历史的	泰山山脉长约200km；边界明确的面状的泰山断块
	距今1亿年左右的燕山运动中，本区迅速隆升崛起，逐渐形成今天傲人耸立的泰山，目前泰山仍以每年0.5mm的速度继续上升	持续的	使得泰山成为黄河下游最高峰，气势磅礴的泰山断块
1-4	泰山岩石主要为变质岩，岩石空隙发育不发达，地下水并不丰富，主要通过裂隙下渗；此外，储水能力主要依靠土壤层和植被层	持续的	局部的，断层裂隙水为主
1-6	土壤以片麻岩和花岗岩为母质的棕壤为主，除了局部灵岩寺属于石灰岩地区，总体而言水土条件好	持续的	全局影响，面状分布
1-8	扇子崖的岩石崖壁为崖居的鸟类提供了生境	持续的	局部点状的
2-1	由于隆起的泰山遭受风化剥蚀，最后在山体高处覆盖的沉积盖层（石灰岩）剥蚀，出露了片岩、片麻岩及花岗岩类古老变质岩，称之为"泰山杂岩"	历史的	局部面状分布
2-3	泰山地势陡峭，地表水快速汇集至河流，地表水下渗比例低	持续的	全局的
2-5	泰山地势北高南低，西高东低，南陡北缓，南坡在不到10km的范围内海拔上升了1300余米，形成了独特的微气候，雨水较市区充足	持续的	局部面状

续表

编号	关系	时期	空间形态
2-7	1300m 的垂直高差，形成植被带谱	持续的	全局的
3-8	为赤鳞鱼提供生境	持续的	局部线状的，沿河流分布
4-3	泰山历史上有数百口泉眼，泉水出露是地表水的主要来源之一	持续的	局部点状的
5-3	降雨是泰山地表水的主要来源之一	持续的	全局面状的
5-7	由于古气候的几次变迁，遗留有部分热带和亚热带植物	历史的	局部点状的
6-7	土壤类型直接影响植被类型，如灵岩寺区域以适应石灰岩土的柏树为主	持续的	全局面状的
7-3	植被层是泰山地表水的主要储水层	持续的	全局面状的
7-5	植被类型直接影响动物种类	持续的	全局面状的

注：本表中编号所示要素间关系参见表 4-5。

（2）与外部自然要素相互联系

泰山风景名胜区与外部自然要素的联系主要体现在生物迁徙、地质完整性上。

目前，关于泰山风景名胜区与外部的生物迁徙联系的研究是欠缺的。根据一般生态学知识分析，山脊地区极有可能是动物迁徙的廊道。当地管理者也在后山西大梁（岱顶北侧主山脊）发现过当地食物链顶端动物豺的踪迹。基于泰山高程分析，找到泰山与周边山地联系的 3 条山脊廊道（图 4-8）。但是目前，3 条山脊廊道均因环山道路修建被打断。

在地质完整性方面，泰山断块是一个完整的凸起的山体，并且海拔仍在持续上升，保护泰山雄踞华北平原的磅礴气势需要保护完整的泰山断块。

综上，不同的风景名胜区自然程度是不相同的。但不论是在人为干扰程度较低的九寨沟风景名胜区，还是在干扰程度相对较高的泰山风景名胜区，对于自然要素间的相互联系的分析都是十分重要的。相较于现有的以分项介绍为主的风景名胜区基础资料汇编方式，这一思路和方法可以识别出更多自然要素之间的联系，有助于进一步识别和保护价值。

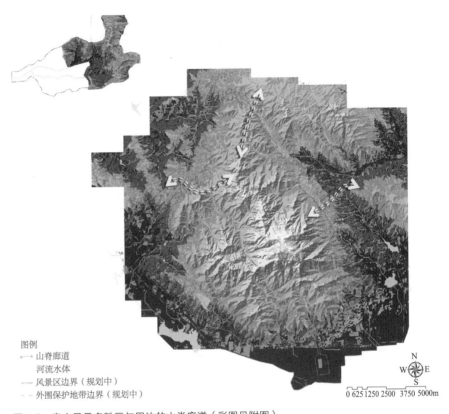

图例
←— 山脊廊道
　　河流水体
——— 风景区边界（规划中）
- - - 外围保护地带边界（规划中）

图4-8　泰山风景名胜区与周边的山脊廊道（彩图见附图）

4.3.3　层面二：自然与生计的相互制约分析

自然与生计的相互制约是风景名胜区整体性的第二个层面。在分析内容方面，需要分析生计（包括住居、生产两个方面）与各自然要素之间的关系。下面以九寨沟、泰山风景名胜区为例进行解读。

4.3.3.1　九寨沟风景名胜区

通过自然要素与生计要素的二元关系分析（表4-7），可以发现九寨沟当地藏民的传统生计与地质、地貌、土壤、气候、水文、植被存在紧密联系。当地藏民很好地利用了古溶洼地良好的地形、土壤、气候、水文、植被条件。

九寨沟风景名胜区自然要素与生计要素二元关系分析   表4-7

	地质	地貌	土壤	气候	水文	植被	动物
住居	选址避开泥石流区域	利用古溶洼建造村寨	—	避开湿度过大的沟谷地区	古溶洼内地表径流丰富，可提供水源	利用周边林地庇护村寨	—
生产	—	—	利用古溶洼内较厚的土壤进行耕作	—	古溶洼内地表径流丰富，适于耕作	利用高海拔草原进行放牧	—

在住居方面。当地藏民的村寨主要是利用半山腰的古溶洼地貌建造的。通过将九寨沟9个老寨位置与九寨沟地质地貌图叠加，可以发现，扎如寨、郭都寨、纳得寨、黑果寨、亚纳寨共5个老寨均位于古溶洼地貌中（图4-9）。古溶洼是喀斯特地貌的一种，喀斯特溶斗受到的持续侵蚀使多个溶斗贯通并连成片，形成溶洼。面积在1~2km²，呈封闭或半封闭的椭圆状，溶洼的底部高出主谷100~200m，周边是高高耸立的峰林，溶洼内地表径流丰富，植被生长条件好。利用古溶洼建造村落，既避开了沟谷的泥石流通道和湿度过大等不利因素，又能够提供较为平坦的居住用地和所需水源。古溶洼地貌周边茂密的林地也可以庇护村寨。

在生产方面，当地藏民利用古溶洼地貌内较厚的土壤、平坦的地形、丰富的地表径流，在住宅周边的小面积平地进行农耕，并利用更高海拔的草原进行放牧，形成了四川藏民独特的农耕与牧业相结合的生产方式（图4-10、图4-11），图中展示了黑果寨的例子，从中可以清晰地看到："古溶洼地貌、村寨、农地、周边树林"这一景观格局。这也反映出当地藏民的营居智慧，呈现出一种人与自然和谐的美。通过以上分析，我们识别出九寨沟风景名胜区传统生计与自然之间存在更多联系。

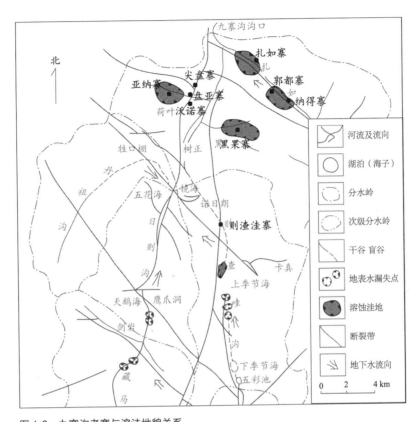

图 4-9　九寨沟老寨与溶洼地貌关系
（图片来源：底图引自《四川九寨沟水循环系统研究》）

图 4-10　九寨沟黑果寨景观格局（彩图见附图）

图 4.11 九寨沟荷叶寨（彩图见附图）

（图片来源：赵智聪摄）

4.3.3.2　泰山风景名胜区

　　泰山风景名胜区与九寨沟风景名胜区情况相较更为复杂，将从村落、寺庙、泰安古城 3 类分别分析生计要素与自然要素之间的联系。总体而言，泰山寺庙及古城的修建，与地质、地貌、水文、植被因子存在紧密联系，泰山当地村民的生产方式与土壤、气候之间存在紧密联系（表 4-8）。

泰山风景名胜区自然要素与生计要素二元关系分析　　　　　　　　　　　表 4-8

	地质	地貌	土壤	气候	水文	植被	动物
住居	泰安古城避开泰前大断裂	村落、寺庙主要沿沟谷分布	—	—	"寺一泉"格局；古城与河流格局	多数寺庙山林环绕	—
生产	—	—	泰山山麓洪积土壤肥沃，有利于果园生长	中温带与暖温带的分界处，适宜生长的植物种类丰富	—	—	—

　　在住居方面，泰山风景名胜区很早便有村民居住。宋代邵伯温《泰山日出》有云："昔罢充曹，与一二友祠岱岳，因登绝顶。行四十里，宿野人之庐"，其中的"野人"即指当地人。明人高诲《游泰山记》有云："宗岳循溪产天麻、黄精诸药，土人负筐采之"，其中的"土人"也指当地人。但是，在对风景名胜区进行实地调查和访谈时了解到，泰山风景名胜区及周边地区的村民主要是中华人民共和国成立前战乱时期迁居而来的，居住历史并不久。因此，村落选址除了考虑在交通更为方便、地势平坦的沟谷地区之外，并没有发现与泰山自然因素之间的特别联系。并且，不少村落选址也未避开断裂带等不利因素。

　　相比而言，道士、僧人所居寺庙的选址与自然因子之间存在更多联系。泰山古代寺庙从泰山山麓至山顶均有分布，布局多呈现"山林环绕、泉寺相依"的格局，如玉泉寺（图 4-12）、灵岩寺、王母池等，其中，泉提供了生活所需的水源。

　　泰安古城的选址与自然因子的联系也十分明显。泰安古城避开了泰安弧形大断裂（图 4-13），既避免了地质上潜在的不利影响，也有助于烘托泰山

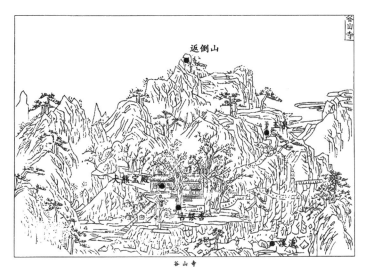

图 4-12 "山林环绕、泉寺相依"的玉泉寺（又名谷山寺）

（图片来源：改绘自清朱孝纯辑《泰山图志》中收录的谷山寺图）

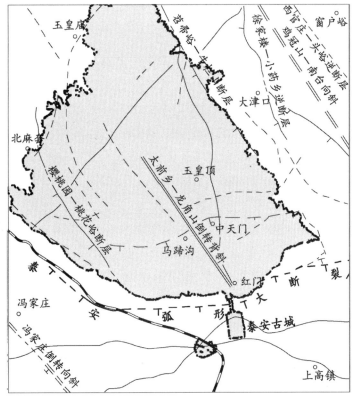

图 4-13 泰山风景名胜区与泰山断块局部关系

（图片来源：底图引自《泰山杂岩》）

拔地而起的气势，反映出古人营城的智慧。此外，自泰山发源的漭河、梳洗河两条河流绕城而过，构成了古城的理想布局。其中，值得注意的是，泰前弧形大断裂超出了风景名胜区南侧边界约 1～3km。这一段山麓地区高差有数十米，局部近百米，从人的视角看，这一段距离和高差对于欣赏泰山拔地而起的气势是十分关键的。然而目前，泰山前山山麓已被城市建设占据，泰山气势被大幅削弱（图 4-14、图 4-15）。

在生产方面，历史上僧人、村民的生计均与泰山自然要素联系紧密，并部分延续至今。首先，泰山山麓地区的洪积土壤肥沃，适合果园生长。《谷山寺记》碑记述了从金代始，僧人善宁、法朗、崇公等人相继来到这里，辛勤劳作。元时"涧隈山胁，稍可种艺，植栗树千株，迨于今充岁用焉"，意思是"种下了数千株栗树，渐渐自给有余"。果林种植至今仍是当地人重要的经济来源。并且，在对当地人的访谈中了解到，倚靠自然山林环境，鸟类丰富，果林不易发生大面积的虫害。此外，泰山位于我国中温带与暖温带的分界，适宜生长的植物种类丰富，促进了当地苗圃业的发展。这些都反映了当地人合理利用泰山风景名胜区自然条件的智慧。

综上，对于自然与生计的相互制约的分析包括不同类型的住居、生产与各自然要素之间的联系。在不同的风景名胜区，这种联系的强弱有所不同。如在九寨沟风景名胜区较强，而在泰山风景名胜区则相对较弱。识别联系的方法主要包括二元分析法，叠加分析法，古文献、古图分析法，景观格局分析法。基于这些方法，可以快速地、系统地解读自然与生计之间的空间和功能联系，发现规律。在九寨沟风景名胜区，发现了老寨选址、耕牧结合的传统生产方式与地质地貌、土壤、水文、植被之间的联系。在泰山风景名胜区，发现了泰安古城、寺庙选址与地质地貌、水文的联系，传统生产方式与土壤、气候之间的联系。基于对这些联系的识别，与自然联系紧密的生计因素将会被列入保护对象，而与自然联系不紧密的生计要素将被视为影响因子。

图 4-14　泰山断块受城市建设侵蚀

图 4-15　泰山雄伟气势受到影响

4.3.4 层面三：生计与精神的相互渗透分析

生计与精神的相互渗透是风景名胜区整体性的第三个层面，是建立在第一、二层面整体性的基础之上，是文化系统内部的联系。分析内容主要包括两个方面，分别是生计要素（包括住居和生产）与信仰、审美之间的联系[①]。经过案例研究发现，首先，一些精神信仰是从当地人对生计的美好愿望中产生的，往往明显地反映与生计的关联和对自然的敬畏，同时精神信仰反过来影响生计方式，比如九寨沟风景名胜区。其次，从审美的角度，一些简单的生计被提升到精神审美的层面，同样反过来影响生计方式。第二种是我国传统风景名胜区相较于西方的独特之处，比如在西湖风景名胜区茶文化与隐逸文化之间的联系，下面分别以九寨沟风景名胜区和西湖风景名胜区为例进一步说明。

4.3.4.1 九寨沟风景名胜区

这里通过对九寨沟当地民歌和神话传说的分析，了解九寨沟生计要素和信仰之间的联系，以及其进一步如何影响自然要素。2004年，政协九寨沟县委员会汇编了《九寨沟县文史资料（第5辑）九寨沟县民歌文化》（政协九寨沟县委员会，2004），该文献是本部分分析的基础资料。

从九寨沟的民歌和神话传说中，可以解读出当地人对富饶土地和秀丽山川的崇拜。九寨沟内有达戈山和沃诺色嫫山、扎依扎尕三座神山。根据《九寨沟县文史资料（第5辑）九寨沟县民歌文化》，在当地人的山神情歌中描述了这样的场景。九寨沟曾经遭遇天灾，一片荒凉，沃诺色嫫女神（也就是现在的沃诺色嫫山）、达戈男神（也就是现在的达戈山）先后路过这里，准备留下来，恢复九寨沟的美好景象。有了山神的"神力"，九寨沟的溪水重新开始流淌、草木复苏、森林逐渐葱茏。沃诺色嫫女神、达戈男神互相有着爱慕之意。达戈山（男山神）周边的大大小小的海子、周围果树的各色佳果、林木下的各类真菌都被看作是沃诺色嫫山（女山神）送给达戈山的礼物，沃诺色嫫山周围悦耳动听的瀑布声、流水声则是达戈送给色嫫山的礼物。在受到恶魔挑唆后，沃诺色嫫女神忘记了达戈男神，转而投向九寨沟北侧的扎依扎尕山神，并将山果林赠送给扎依扎尕山作为礼物。最后，误会解除，达戈山和沃诺色嫫山、扎依扎尕和睦地相处在一起，山山水水将会更加秀丽、俊美。从这个故事中可以看到，对于山神的敬畏并不仅限于对高耸的山峰、所有美好的自然事物，包括声音、湖泊、佳果、山菌都是来自"神"

的礼物，受到当地人的敬畏。这种敬畏来自寨民们对富饶和美好生活的渴望。"山神"的离去将意味着周边富饶土地和秀丽山川的消失，这种笼统的认知守护了九寨沟的自然美景，使其得以延续至今。

　　因此，九寨沟老寨的选址多位于半山腰，以守望自己的神山。现在，由于风景名胜区旅游业的发展、沟谷区道路的建设、退耕还林政策的推行，当地人生产方式已经快速从依赖农耕放牧转变为旅游服务。村落迁移至道路附近，不再守望神山。目前，尚不清楚这些变化对于传统观念的具体影响，以及进一步对于自然保护的影响。对于这些自然与文化互动过程的变化，我们至少应进行记录和评估。

4.3.4.2　西湖风景名胜区

　　西湖有着悠久的种茶历史，在唐代，佛教与茶在杭州同时兴起。根据陆羽《茶经》记载，已有灵隐、天竺二寺寺院生产茶叶。在这一时期，茶已经超越了物质生计层面，上升到精神层面。据记载，白居易曾在西湖韬光寺中与韬光禅师煮茗谈禅，留有金莲池遗迹。此后白居易在贬官庐山期间，曾写"药圃茶园为产业，野麋林鹤是交游"。在茶园中，人、茶、鸟、风、雷、雨等自然万物各遵本性，人在种茶、采茶、品茶过程中体验着自然本身的律动与和谐，可以净化思想、纯洁心灵，这正是茶禅文化的内涵。在东晋时期，龙井村、九溪村、满觉陇、翁家山村、杨梅岭村、双峰村、灵隐村、茅家埠村均已开始种植茶叶[①]。到宋代，杭州西湖龙井茶兴起。北宋佛教天台宗高僧辩才大师在退居南山龙井寿圣院后，与苏轼等文人雅士煮茶论道，并将种茶范围从灵隐寺扩展到了现在主要的种茶区域（凤凰岭一带）。"以茶参禅"已经逐渐成为文化普遍崇尚的一种生活方式。品茶之时，多与琴相伴，同时欣赏自然山水。可见，品茶已经成为山水审美活动的构成要素[①]。综上，在西湖风景名胜区，茶禅融合有着悠久的历史。西湖的茶禅文化也因此被提名申请列入世界遗产标准 iii。在 2011 年，杭州西湖被联合国教科文组织评选为文化景观类世界文化遗产，尽管其最终决议文件中并未提及西湖的龙井种植以及茶禅文化，但其仍具有重要意义。

　　事实上，茶叶生计被提升到审美层面的情况在我国其他风景名胜区中也有，比如庐山风景名胜区、武夷山风景名胜区。并且，除了茶叶生计之外，我国传统风景名胜区普遍存在将生计上升到审美层面的情形，比如对桃花源的追求。这其中的道理是相通的，传统生计与自然相和谐，文人雅士在耕

① 引自杭州西湖世界遗产提名文件 *West Lake Cultural Landscape of Hangzhou*。

种、渔樵等这一过程中可以净心，同时也进一步强化了传统生计与自然相和谐这一特征。所以，风景名胜区第三层面的整体性是建立在第一、二层面基础之上的。

综上，通过对民歌和传说等已有文献的分析，可以发现文化系统内部生计和精神之间的联系。在九寨沟风景名胜区，认识到了信仰与生计之间的联系；在西湖风景名胜区，认识到了审美与生计之间的联系。这些联系如果得到保护，将有助于避免风景名胜区文化系统内部的割裂。

4.3.5 层面四：自然与精神的升华结晶分析

自然与精神的升华结晶是风景名胜区整体性的第四个层面，是指风景名胜区人与自然在精神层面"合二为一"所呈现出的整体性。这是我国风景名胜区相较于国外国家公园所特有的普遍现象。在第二层面和第三层面的整体性中，物质与精神，主体与客体，自然与人之间的界限是存在的。但在第四层面，这些看似对立的因子可以实现超越事实性分离的精神性统一。认识这一层面的整体性，不仅需要理解审美、道德、信仰 3 个方面与自然要素的联系，还需要通过体验感悟，来了解这种精神性统一实现的途径。因此，这一层面的分析主要采用古诗词分析和实地访谈的方法，以下以泰山风景名胜区和五台山风景名胜区为例进行说明。

4.3.5.1 泰山风景名胜区

这里主要借鉴了文化地理学中对地方性①的研究思路和方法，即从文学作品中去寻找情感认同的结果和促使这种认同发生的客观事物的特性，来了解从地理空间到人的影响，即客体是如何作用于主体的。历代文人登览泰山所写的古诗，既描述了他们所见之景，同时又表达了他们的情感，是分析在泰山"自然是如何与人的精神建立联系"这一问题很好的素材。也就是通过诗词解析，了解究竟怎样的自然形象引发了诗人怎样的情感认同，甚至最终达到忘我的境界。通过了解这一过程，可以发现触发诗人情感的一些自然的普遍特征、体验方式等。明代汪子卿所著的《泰山志·卷之三》中收集了从春秋至明朝关于泰山登览的共计 263 首古诗，其中，明代古诗占了 200 余首。作者保留了从春秋至元代的所有古诗，明代诗词数量较多，并且有不少相似之作，最终确定对 200 首古诗进行分析（表 4-9），古诗见附录 B。

① 地方性是不能移走的，经得住时间考验的；这些地方性甚至很容易让外地人也认同这些地方特性（周尚意，2011）。

描述登览泰山的 200 首古诗　　　　　　　　　　　　　　　　　　　　　　表 4-9

朝代	数量	朝代	数量
周	1 首	唐	11 首
汉	1 首	宋	7 首
魏	3 首	元	21 首
晋	2 首	明	154 首
合计	200 首		

　　其次，结合作者个人漫游泰山、一路冥思的体验感悟再进行分析。泰山前山周围新建建筑较多，从南侧看泰山的雄伟气势大受影响。一路寻觅，突然在泰山东侧某一块开敞的田地中，感受到泰山拔地而起的气势（图 4-16）。霎时，仿佛古今之间建立起了对话，真正能感觉到古人对泰山的崇敬感。我们能够想象，在相对高差更大的泰山南麓，如果没有城市建筑遮挡，泰山所能给予人的视觉和精神上的震撼会更大。这种对比会让人切身感受自然特性、体验、情感引发之间的关联。

图 4-16　从泰山风景名胜区西侧大津口村望泰山（彩图见附图）

综合对古诗中描述的自然特性、体验、情感引发之间的关系的梳理（详细分析过程见附录 B），结合作者个人感悟体验，得到如下结论：

第一，泰山地貌、气象、水文这三方面的特性对于引发泰山地方所特有的情感十分重要。

首先在地貌特性方面，泰山有"通天接地"之雄势，上孤峰隆高贯云直至天（庭），下丘陵盘礴万里直达地（府）。如陆机的《泰山吟》所说："泰山一何高，迢迢造天庭。峻极周以远，层云郁冥冥。"又如，边贡的《登岳四首》中所说："幽府化机盘地轴，上清真气接天门"。可见，泰山主峰与其脚下的岿嵬丘陵都具有重要的文化涵义。在道教中，泰山主峰是"神灵之长"，周边群山是"万鬼长吟"。在儒家孔子眼中，泰山周边的岿嵬丘陵与主峰的关系正如"仁道在迩，求之若远"。在更多的登览者眼中，泰山"支脉艰险"（张衡，《四思》），"石磴萦回"（蔡经，《登岳》），对比之下泰山孤峰"参天插地"（陈琳，《登岳漫题》），似近非近，让人神往。综上，正是有了周边群山的对比和登览者在其中"迂回不知路"的体验，才凸显出泰山主峰的"奇峰拔地"，进而有"一览众山小"（杜甫，《望岳》）、"大观荡尘襟"（朱节，《登岳》）、"祛尘俗"（陈琳，《登岳漫题》）、"一顾尘氛消"（窦明，《登岳》）、"俯览八极"（章忱，《登岳》）等感受。

其次在气象特性方面，泰山"会元气"（陈沂，《登岳》）、"分日月""变云烟"（乔宇，《登岳》），可"函星斗"、可观"日出东海"。正所谓"几回千气象"（杨抚，《登泰山》）、"阴阳变幻倏忽异"（胡缵宗，《望岳》）。这种气象的变幻被认为是万物化生的灵力来源，是一种"灵氛"（潘埙，《登岳》；赵鹤，《登岳》），即所谓的"岳灵通变化"（白世卿，《登岳》）。同时也营造了一种"云雾窈窕"（曹植，《飞龙篇》）的仙境氛围。而泰山日出之所以如此受文人喜爱，除了因为其日出东海，临近蓬瀛，有求仙之意。还因日出之时气象瞬息万变，更让人感慨时光之逝，事物变迁。此外，山下山上气候的不同容易引发出尘世的感受。"山下秋日正皜皜，山上秋雨还冥冥"（胡缵宗，《望岳》），"云起半空方作雨，天临绝顶忽开晴"（陈凤梧，《登岳》），让人心生寻仙、隐逸之心。

最后在水文特性方面。古人对泰山的水是十分崇敬和喜爱的。"霖雨""灵泉"是泰山英灵之地所产（李裕，《登泰山》）。正所谓，"岱宗天下秀，霖雨遍人间"（张志，《泰山喜雨》）。水乃云烟变化而成，与泰山气象直接相关。泉流不断，有丰收之意（曾铣，《登岳》），"云雨验丰凶"（李东阳，

《望岳》)。此外，灵泉还可以"洗心""润物"(梅守德，《甘露泉》)，正如，雨过之后"群山数点发新青"(李绘，《登绝顶》)，"胸中尘土都消却，一枕清泉不断流"(高诲，《登岳(三首)》)。因而，这些不知源的"霖雨""灵泉"有着神秘感，让人想问其源头。所以有"雨向山腰起，泉当石眼流(白世卿，《登岳》)"，"一脉灵源何处寻，百花香气遍丛林"(梅守德，《甘露泉》)，"阴洞云流"(许应元，《岱宗》)以及"灵源万籁潺"(浦应麒，《游岱岳》)等诗句。

当然，植被、生物等自然因子也有引发诸多情感，但较上述三者显得普通。譬如，欣赏"青林""翠甸"(许应元，《同蔡行人登蒿里环翠亭》)、"鸟鸣"(张鲲，《登岳》)花开之景的闲适之情，寻"竹林"玄幽的净心，采"灵药"品"芳芽(茶)"(徐世隆，《送天倪子还泰山》)的"仙人"生活。

需要说明的是，上述自然特性在实际中相互交织、共同对人的情感产生影响。其实，对于这一联系的分析，说明我们需要对泰山地貌、气象、水文这三方面的特性与情感之间的联系予以更多的关注、保护和展示。例如，在此前的泰山风景名胜区保护管理中，对于周边丘陵重要性的解说不够，并且水这一项因子强化不够。

第二，同样的自然特性对于不同的群体所产生的情感是不相同的。如前文所提到的，泰山主峰与其脚下的岣嵷丘陵，在道教中是"神灵之长"与"万鬼"，"天"与"地府"，在儒家中是仁道可见但行仁不易。泰山绝顶凭望，有人观日出沧海，有去蓬瀛求仙之意；有人北望帝都北京，有报国之心；有人西望古代帝都长安，怀古伤感；有人望齐鲁大地，决心追寻孔子；有人遥望黄河，感慨山河壮观。并且，这种情感随着朝代有一定变化。泰山"通天与接地"最初是并重的，后来到明代时，随着国家环境和世俗需求的改变，对天的敬意越来越重，古诗中泰山"通天之势"被不断强化，而"接地之态"相对弱化，这也是解释了为何泰山登山中路越来越受到关注。此外，到明代时怀古伤怀之意也越来越多见。

但是，我们也注意到，尽管所产生的情感结果不同，但往往他们关注的自然特性以及体验方式是十分相近的，甚至是一样的。对于这些被不同群体所重视的自然特性，应当给予更多的关注和严格的保护。从这一角度来看，泰山月观峰、嵩里山受到破坏，影响的正是这一类历史上长期引发的不同群体情感的自然特性，也严重阻碍了后人去获得更深的情感和思想。因而，这种破坏是难以被接受的。

第三，整个体验感悟过程可以被解释为：对自然特性的体验触发了主体潜在的情感、观念或思想，这些情感、观念或思想指导了实践，实践突出了自然特性，进一步又强化了情感、观念或思想。这一方面也是泰山自然与精神的升华结晶的体现。具体体现在：

泰山有着"通天接地"之雄势，登览者在经历了"远望""石磴萦回"和"迂回不知路"、登顶而产生"一览众山小"的体验之后，更加感慨泰山主峰的"奇峰拔地"，有一种"荡尘襟"的感受，触发家国情怀、"天地人"的宇宙观、"行仁"和"从善"如登等人生感悟。加之"变幻倏忽异"之气象，云烟变化而成的"霖雨"和不断的泉流，更让人感到一种万物化生的"灵氛"，让人"祛尘俗"，心生隐逸之心。这些情感、观念或思想指导了泰山庙宇、石磴（包括十八盘）等的修建，古诗中时常提及的笙歌也是在对泰山自然特性一定的认知下的实践产物。这些实践进一步突出了上述自然特性。这些实践产物或完好保存，或成为遗迹，将和自然特性一起留于后人体验感悟，并且加大了后人体验感悟时的时空感。

整段描述是一个生成的思路。这个自然与精神升华结晶的过程的延续是以体验为基础的，只有延续整个过程，才能真正延续泰山的内在的"神"。这一点也体现在第 5 章保护对象的确定。

4.3.5.2　五台山风景名胜区"南台妙悟"

泰山风景名胜区案例主要是历史分析，五台山风景名胜区案例更多是对现状的解读。主要通过对地方专家和僧人的访谈，了解僧人在朝台过程中，注意到了哪些自然特性以及产生了何种情感。

通过对数名朝台僧人访谈，了解到朝台行为是五台山风景名胜区特有的。每年来自藏传佛教地区虔诚的佛教信徒们会来五台山朝台，以一步一叩的方式走完供奉着五方文殊的东、北、西、中、南 5 个台。各个台顶均建有寺庙，多是山下某寺庙的子寺，供奉文殊菩萨，但 5 个文殊菩萨的法号不同。台顶寺庙也为朝台僧人提供吃住。朝台过程也是修行过程。在通过对地方学者崔正森先生的访谈中，了解到朝台中"南台妙悟"这一独特的文化现象。"南台妙悟"是指许多僧人是在行走于南台时顿悟。南台是朝台的最后一个台，又名锦绣峰、仙花山，相较于其他四台，海拔较低，适宜草木生长，以野生植被闻名。顿悟原因除了长期切身朝台修行体验之外，很可能是因为"南台鲜花从入春至秋长年繁茂，鸟语花香，犹如仙境，有着独特的嗅觉体验"，而"在佛教中顿悟和鲜花之间有着难以道明的联系"。再进一步了解，南台鲜花繁茂与村民一直放牧紧密相关。适度放牧下，牲畜粪便肥沃了土壤，有利于草木生长。

综上，"南台妙悟"的文化现象可以被理解为"南台适宜草木生长的气象条件 - 村民适度放牧 - 土壤肥沃 - 鲜花长年繁茂，鸟语花香，犹如仙境 - 僧徒长途跋涉的朝台到达终点，有着独特的嗅觉体验 - 顿悟"这一过程。在这过程中，自然、生计、精神交织在了一起。如此看来，五台山风景名胜区内的放牧也并非只是负面的影响因子。

综合泰山风景名胜区和五台山风景名胜区两个案例，自然与精神的升华结晶这一层面整体性的实现是一个过程。首先，主体选择并突出了自然客体的部分特性，并逐渐形成该风景名胜区独特的标识系统（也就是在泰山案例中提及的可引发不同群体情感认同的自然特性）。这些标识系统是"触发酶"，进一步促进个体情感的升华和同类主体的情感认同。最终，自然与精神的升华结晶是一个主客体共同作用涌现出的结果。这个过程之所以能保持不断地涌现活力，正是因为体验的延续。因此，保护的重点并不在于直接对结果的保护，而是要对标识系统和体验过程进行保护。

4.3.6　四层面关系及泰山风景名胜区的整体性描述

风景名胜区整体性研究内容包括自然要素间的相互联系、自然与生计的相互制约、生计与精神的相互渗透、自然与精神的升华结晶 4 个层面。在实际的案例应用中，主要是基于一定的文献、图纸等研究资料，从中解读出各要素之间相互作用的方式和结果。案例不同，所采用的分析方法也有所不同（表 4-10）。

本节整体性研究案例归纳　　　　　　　　　　　　　　　　　　表 4-10

层面	案例	特点	分析方法
自然要素间的相互联系	九寨沟	自然程度高，总体联系紧密	多元网络分析
	泰山	自然程度较低，部分联系紧密	多元网络分析，二元相关分析
自然与生计的相互制约	九寨沟	自然要素与当地藏民传统生计联系紧密	二元相关分析，叠加分析、格局分析
	泰山	自然要素与古城、寺庙选址、村民传统生产联系紧密	二元相关分析，古图分析，叠加分析

续表

层面	案例	特点	分析方法
生计与精神的相互渗透	九寨沟	精神信仰与当地藏民对生计的美好愿望紧密相关	民歌和神话传说分析
	西湖	茶叶生计被提升到精神审美层面	现代文献研究
自然与精神的升华结晶	泰山	若干自然特性与泰山地方特有的信仰、审美、道德情感联系紧密	古诗文本分析
	五台山	部分自然要素与朝台修行之间联系紧密	僧人和地方专家访谈

　　在分析时，不仅要对各个层面的整体性进行研究，还需要注意不同层面整体性之间的关系。一般而言，自然要素间的相互联系是更高层面整体性认识的基础（图4-17）。自然与生计的相互制约是指生计合理利用自然系统的部分功能特征，并在一定的生产生活活动下形成的关系。生计往往是在一定精神观念指导下进行的，同时又反过来影响精神观念。最后在自然与精神的升华结晶的层面，主体选择并突出了自然综合的部分感知特性，对自然特性的体验仿佛是"触发酶"，触发了主体潜在的情感、观念或思想，这些情感、观念或思想指导了实践，实践突出了自然特性，进一步又强化了情感、观念或思想，4个层面共同构成了风景名胜区的整体性。

　　以泰山风景名胜区为例，泰山风景名胜区的整体性包括：（1）在自然要素间的相互联系方面，泰山自然生态系统是长期以来的泰山运动等地质变

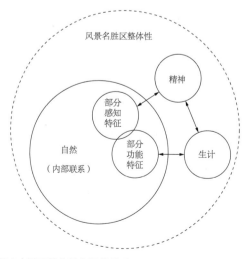

图 4-17　风景名胜区4个层面整体性之间的关系

化、气候水文影响、土壤演变、生物群落演替和人类活动共同作用的结果。其中，地质、地貌、土壤、气候水文相互之间自然联系紧密，尤其是地质、地貌因素几乎与所有其他要素都存在紧密联系。（2）在自然与生计的相互制约方面，泰安古城和寺庙的选址利用了泰山泉眼众多、溪河密布这一良好的水文条件，并避开了泰前大断裂等地质地貌上的不利因子；果园和苗圃等传统生产方式也有效地、合理地利用了土壤和气候条件。（3）在生计与精神的相互渗透方面，当地生计和精神之间的联系并不明显，可能是因为历史文献记载少，而现有周边社区迁居历史不长。（4）最后，在自然与精神的升华结晶方面，泰山"通天接地"、气象"变幻倏忽异""云烟霖雨"和"泉流不断"等独特的地貌、气象、水文特性以及"远望""登览"等体验方式促进了人与自然的精神性融合，触发了家国情怀、"天地人"的宇宙观、"行仁如登"和"从善如登"等人生感悟、"隐逸"之心。这些情感、观念或思想指导了泰山庙宇、石磴（包括十八盘）等的修建。并且，修建进一步突出了上述自然特性。

　　总体而言，整体性研究是为了识别出更多风景区要素之间的联系，有助于进一步识别和保护价值。此外，通过整体性研究，有利于发现已有资料和研究的空缺内容。如在泰山风景名胜区，通过对整体性的研究可以发现，当时生计和精神观念之间的联系是不清楚的。造成这种不清楚的原因，可能是由于研究的不足，也可能是本身已经缺失了。前一种情况需要我们进一步挖掘，而后一种情况则又可以引导我们去通过的一定方式重建二者的联系，增强泰山人文系统的稳定性和活力，进而更好地保护泰山。

4.4　整体价值分析内容与方法

4.4.1　总述

　　在完成风景名胜区整体性研究之后，进一步识别整体价值，即风景名胜区整体性所具有的价值。本小节将介绍整体价值分析的具体内容、方法、

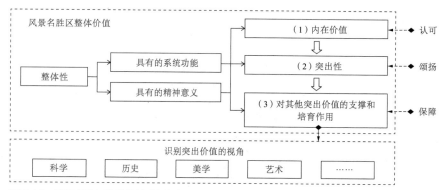

图 4-18　风景名胜区整体价值分析框架

和应用案例。风景名胜区整体价值分析的主要内容包括整体性具有的系统功能和精神意义归纳，价值重要性分析两个方面。价值重要性分析包括 3 个层面：（1）风景名胜区整体性及整体价值是具有内在价值的；（2）通过横向案例比较，得到的整体价值自身所具有的突出性；（3）整体价值对其他突出价值的支撑和培育作用（图 4-18）。3 个层面对应了认可、颂扬、保障 3 种保护的基本态度。

提出上述 3 个层面的原因如下：首先，风景名胜区整体性及整体价值具有内在价值。内在价值是由内在属性决定的。也就是说，无论整体性以及整体价值是否足够突出，只要存在就是有价值的，其本身应当得到认可，不可以随意干预。这是保护风景名胜区的基础。其次，可通过横向比较，认识每处风景区整体价值具有的突出性。这种突出性应当通过体验展示等进行颂扬。最后，分析整体价值对于其他子类视角识别出的突出价值的支撑和培育作用。其他子类视角包括审美、地质、生态、文化视角等，对于这一支撑和培育作用应当给予保障。这一思路融合了世界遗产在分类价值认知上面的优势，同时还尝试弥补世界遗产突出普遍价值识别思路对整体性具有的内在价值和突出价值认识的不足，试图解决王绍增、宋峰等学者提出的由于破碎的世界遗产分类标准导致的遗产价值与其本体环境割裂的问题。

4.4.2　基于整体性研究的系统功能和精神意义归纳

在整体性研究的基础上，可以初步归纳和提炼出系统功能和精神意义。以下以泰山风景名胜区为例进行说明。

对于泰山风景名胜区，系统功能主要包括：泰山水文过程、生物迁徙等各种自然过程的活力；特有植物的持续形成所体现出的泰山自然系统的生命活力；营城建寺的智慧，即古人巧妙利用了自然条件营建岳城泰安古城、寺庙，以及形成的适宜当地自然条件的生产方式，这些反映出在泰山自然与生计相互制约过程中不断演变发展的人居智慧。

对于泰山风景名胜区，精神意义主要包括：泰山通天接地、气象变幻倏忽异、云烟霖雨和泉流不断等自然特性结合"远望""登览""骋望"体验方式，一直以来是壮怀逸气、崇高体验感悟的圣地，是寄托家国情怀的地方，并且，催生了诸多儒家、道家等精要思想（如"行仁"之说、天地人三重空间），是思想的"源泉地"。

以下主要将从 3 个层面，进一步分析这些系统功能和精神意义的重要性。

4.4.3　层面一：具有的内在价值

这里先简单回顾第 3 章中所说的内在价值概念。内在价值概念有两点核心内涵。第一，内在价值是由内在属性所决定的价值，无须依赖外界他人或物的态度决定。第二，内在价值有伦理关怀涵义，即一旦被认可为具有内在价值的人、事、物甚至过程，都应当是被尊重的，被认可的，有权保持原样不因外界而改变。

论述风景名胜区整体价值具有的内在价值，在内容上等同于风景名胜区整体性及其所有的系统功能和精神意义的描述，并明确强调"前述所有内容均是具有内在价值的"。明确整体价值具有的内在价值对于指导保护是有意义的。内在价值的认可意味着，这些联系除以自然速率发生的改变之外，不可以随意被外界干预和改变。如果外界必须进行干预，需要进行前期评估和后期跟踪。对于处于濒危的联系，需要特别的救助和保护。对于已经遭到破坏但仍有潜力自然恢复的联系，应当在评估后，通过人工措施适当加快联系的恢复。对于已经遭到破坏并且无法再真实恢复的联系，应当进行记录和展示。

4.4.4　层面二：具有的突出性

在认可风景名胜区整体价值具有的内在价值的基础上，通过不同风景名胜区之间的横向比较，得到该风景名胜区整体价值的突出性。与内在价值不同的是，具有突出性的整体价值不仅应当得到认可，还应当被颂扬，如在解

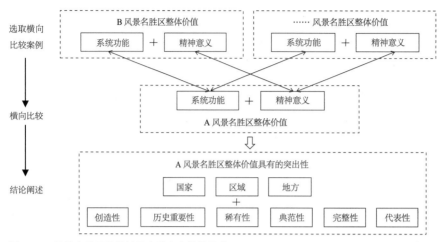

图 4-19　风景名胜区整体性具有的突出价值论述

说教育、游客体验方面给予充分的、恰当的展示。突出性分析过程包括比较案例选择、横向比较、结论阐述 3 个环节。

　　首先，需要选择比较案例。案例的选择应当以我国自然地理区划和文化地理区划为基础，以便在同一自然或人文时空框架下进行比较。在选择合适的比较案例之后，进行横向比较系统功能和精神意义的突出性。基于世界遗产突出普遍价值评价标准，归纳总结出使得突出性成立的原因主要包括创造性、历史重要性、稀有性、典范性、完整性、代表性共 6 个方面（图 4-19）。创造性是指反映了人类创造性的天才杰作；历史重要性是指见证了自然或人类历史上某一重要的事件；稀有性是指罕见程度；典范性是指是同类中的杰出范例；完整性是指同类中保存完整的程度；代表性是指足够丰富，能够整体反映出区域的状况。例如，泰山特有植物的持续形成所体现出的生命活力及其呈现出的生物多样性在辽东—山东半岛区是稀有的，是该地区重要的种子资源库。而泰山作为领悟壮怀逸气、家国情怀、"天地人"宇宙观、"行仁如登"和"从善如登"等崇高体验的圣地，在华夏之地上都是具有典范意义的，是华夏民族和文人群体的精神家园。再如，在九寨沟风景名胜区中，老寨选址、耕牧生产所体现出的人居智慧在川藏北部地区是比较少见的。

　　在突出性分析完成后，最后进行结论阐述。如果是在宏观尺度范围上具有突出性，也就具有国家突出价值；如果是在中观尺度范围上具有突出性，也就是具有区域突出价值；如果是在微观范围尺度上具有突出性，也就是具有地方突出价值。这里补充说明，宏观尺度范围并非是国家范围，例如华夏文明中产生的五岳、藏区四大神山仅需要在各自的文化地理区内论述其所具有的突出性，一旦突出，即可被认为具有国家突出价值。

4.4.5　层面三：对其他突出价值的支撑和培育作用

在认识风景名胜区整体价值具有的内在价值与突出性之后，还需要识别风景名胜区整体性对其他突出价值的支撑和培育作用。支撑作用是指在突出价值维持方面起到的作用，培育作用是指在突出价值形成和发展方面起到的作用。风景名胜区整体价值不包含对要素本身具有的突出价值的分析，如从地质学视角，某些岩层、构造具有重要的地质史上的意义；从艺术史学视角，某些建筑单体具有重要的艺术价值。这些视角还在不断地发展和细化。这些子类视角下的价值是在风景名胜区整体价值分析中得不到的，其载体往往是风景名胜区的某些局部要素。一直以来，如何更好地保护这些突出价值是保护管理的重点。认识到风景名胜区整体价值对其他突出价值存在的支撑和培育作用，有助于更好地保护这些突出价值。

这种支撑和培育作用可能是历史上的，也可能是还在持续的。对于历史上的支撑和培育作用，应予以展示和解说；对于仍在持续的，除了展示和解说，还应当给予保障。

以九寨沟风景名胜区为例。根据九寨沟世界遗产提名文件，九寨沟拥有众多的湖泊、瀑布和钙华台地景观，水质清澈，富含矿物质，并且位于拥有高度多样化森林生态系统的壮观的高寒山区，展示出了非凡的自然美景，申请列入世界遗产突出普遍价值评价标准 vii；同时，九寨沟是大熊猫和众多珍稀濒危动植物物种的栖息地，申请列入世界遗产突出普遍价值评价标准 ix。世界遗产委员最终决议，因提供数据不足，暂时认为不符合标准 ix，并建议风景名胜区在数据齐全后，再次提出申请。综上，九寨沟的自然美景具有世界遗产突出普遍价值，九寨沟的生物多样性具有潜在的世界遗产突出普遍价值。根据《九寨沟自然保护区总体规划（2000-2020）》，九寨沟国家级自然保护区的主要保护对象有 3 个：大熊猫及其栖息地，喀斯特钙华堆积地貌及沟谷湿地生态系统；九寨沟风景名胜区"属山水型，湖泊、瀑布亚类；以高山深谷碳酸盐堰塞湖地貌为特征，以彩湖叠瀑为主景，与藏族风情相融合"。综合认为，目前认知到的风景名胜区具有的突出价值包括自然美景和生物多样性两大类。自然美景因素包括高山深谷碳酸盐堰塞湖地貌、彩湖叠瀑、藏族风情。生物多样性包括大熊猫及其栖息地、原始森林、沟谷湿地。

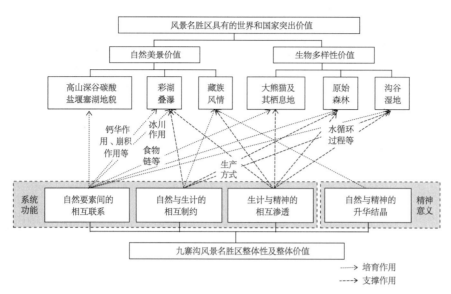

图4-20 九寨沟风景名胜区整体性对世界和国家突出价值的支撑和培育作用

　　根据本章对九寨沟风景名胜区整体性的分析，找出各个层面整体性和整体价值对其他突出价值的支撑和培育关系（图4-20）。总体而言，九寨沟自然要素间的相互联系对彩湖叠瀑、大熊猫及其栖息地、原始森林、沟谷湿地的培育作用仍在持续。而自然与生计的相互制约、生计与精神的渗透、自然与精神的升华结晶主要是对彩湖叠瀑等自然因子有着持续的支撑作用，并对藏族风情有着持续的培育作用。基于这一分析，可以找到每一项突出价值载体及其完整性构成（表4-11），进而指导保护。

九寨沟风景名胜区突出价值载体及其完整性关系分析表　　　表4-11

自然人文系统		世界级突出价值：自然美景		国家级突出价值：地质、生物多样性		地方级突出价值：传统文化	
		载体	完整性构成	载体	完整性构成	载体	完整性构成
非生物	地质	—	碳酸盐沉积物，提供钙华物质；地下岩溶通道；第四季冰川遗迹	—	碳酸盐沉积物，提供钙华物质；地下岩溶通道；第四季冰川遗迹	—	新构造运动
	地貌	山林风光、喀斯特地貌	雪峰；海相碳酸盐沉积时期形成的剑岩、宝镜崖、沃诺色嫫女神	喀斯特地貌	—	扎伊扎嘎神山、达戈神山、沃诺色嫫神山	作为传统村寨选址的岩溶洼地

续表

自然人文系统		世界级突出价值：自然美景		国家级突出价值：地质、生物多样性		地方级突出价值：传统文化	
		载体	完整性构成	载体	完整性构成	载体	完整性构成
非生物	气象气候	—	季风气候：比较均匀的年降水	—	季风气候：比较均匀的年降水	—	—
	土壤	—	植被生长的基础，有山地褐色土、山地棕壤、山地暗棕壤石灰岩土、亚高山草甸土等	—	—	—	—
	水文	108个高山海子、17处高山瀑布群、5处钙华滩流、11段激流	九寨沟河流汇水域；地下岩溶水	湿地生态系统	九寨沟河流汇水域；地下岩溶水	扎伊扎嘎圣水	—
生物	动物	—	生物多样性	大熊猫	斑羚、牛羚、金丝猴等伴生物种	—	—
	植物	季相变化丰富的彩林	钙华堤灌丛、针叶林等	—	促进钙华沉积的灌丛；箭竹生长区域等	—	—
人文	藏传佛教、苯教文化	—	—	—	—	神山、村寨神圣点、祭祀点等	九寨沟区域的藏传佛教、苯教文化
	传统民俗或生活方式	—	藏族风情	—	—	郭都、盘亚、亚纳、尖盘、黑角等9处藏寨	—

其他例子还有，自然生态系统的活力和生命力是武夷山地区生物多样性保持高水平的关键；自然的火山作用过程是五大连池风景名胜区独特的生物过程得以持续的必要条件；持有文殊信仰的僧人群体的存在是五台山风景名胜区独特的朝台行为得以持续的必要条件等。尽管一些突出价值在从整体中产生之后，也可以孤立存在。但是，越来越多的领域已经认识到，要有效的

保护，核心不是对物质载体的直接保护，而是将这些有极高价值的物质载体置于整体价值之中。并且，风景名胜区整体价值是培育和支撑突出价值的土壤，使得更多突出价值的产生成为可能。未来，还将有更多样的角度、更深入的认知，去发现风景名胜区整体性对风景名胜区局部突出价值的培育和支撑作用。

4.4.6　泰山风景名胜区整体价值陈述及与突出普遍价值等的比较

本节在风景名胜区整体性研究的基础上，进一步介绍了整体价值分析的内容与方法。并以泰山、九寨沟等风景名胜区为例进行了说明。这里以泰山风景名胜区为例，说明风景名胜区整体价值识别结果，及其与突出普遍价值、现有资源评价的不同。

（1）泰山风景名胜区整体价值陈述

泰山的整体价值包括系统价值和精神价值两个方面。

系统价值是指：泰山自然文化系统中各要素间联系以及整个自然人文系统的活力和生命力都是具有内在价值的；其中，泰山特有植物的持续形成及其所具有的生物多样性在山东—辽东半岛地区是比较罕见的，是该地区重要的种子资源库；古人巧妙利用自然条件营建岳城泰安古城、寺庙以及形成的适宜当地自然条件的生产方式，这些反映出在泰山自然与生计相互制约过程中不断演变发展的人居智慧，这种人居智慧至少在齐鲁文化区是有典范意义的。

精神价值是指：泰山通天接地、气象变幻倏忽异、云烟霖雨和泉流不断等自然特性结合"远望""登览""骋望"等体验方式，一直以来是壮怀逸气、家国情怀、"天地人"宇宙观、"行仁如登"和"从善如登"等崇高体验领悟的圣地，是国民和文人群体的精神家园。并且，催生了诸多如儒家、道家等精要思想，是思想的"源泉地"。其持续时间之长，影响范围之广，在整个东部文化区是具有典范性的，具有国家突出性。

（2）与突出普遍价值陈述的比较

泰山作为世界自然与文化混合遗产地，满足了世界遗产评定标准中的 7 条标准，其中文化遗产评选的 6 条标准（i 至 vi）全部满足，自然遗产中满足第 vii 条，泰山世界遗产的突出普遍价值陈述如表 4-12 所示。

泰山世界自然与文化遗产地突出普遍价值陈述重要内容摘录　　　　表 4-12

标准	类型
i	作为中华五岳之一，泰山的景观可称为独特的艺术杰作。沿着 6660 级台阶组成的登山步道，一路经过 11 道门、14 个坊、14 座亭和 4 座阁，这是在辉煌的自然基址上最终经由人类少许点缀的景观
ii	第二层次主体作为中国最受崇敬的名山，2000 年来泰山对艺术的发展有着广泛影响。岱庙、碧霞元君祠是泰山建筑的原型……历史上的人们在泰山留下许多遗迹，泰山上优美的桥、坊、亭等建筑与大自然幽暗的松林、陡峭的陡崖形成了强烈对比，这种审美模式起源于泰山
iii	泰山是已经消逝的中国帝王时代文明的独特见证，尤其它与当时宗教、艺术和文学等方面联系紧密。2000 年间，泰山是中国帝王祭祀天地的重要场所之一，帝王在封禅之地拜敬天地，以昭示其天子身份……
iv	泰山是圣山的杰出代表。位于岱庙内的天贶殿是中国古代最古老的三座大殿之一。碧霞祠也建于宋代，它的建筑与庭院布局是山地建筑群的典型代表……
v	泰山的自然和文化融为一体，包含了从大汶口时期开始的以宗教祭祀为中心的传统聚居形态，是传统文化的杰出范例……
vi	泰山与人类历史上许多无法忽视的重大事件有着直接和紧密的关联，包括儒家思想的起源、中国的统一，以及书法和文学在中国历史上的出现
vii	经历了接近 30 亿年的自然进化，复杂的地理和生物演变过程使泰山成为一个被植被的密集覆盖的巨大岩体，屹立于平原之上。这座引人注目、宏伟壮丽的山岳是人类千年文化与自然的共同杰作

资料来源：由廖凌云、黄澄等自世界遗产官方网站翻译。

整体价值陈述与突出普遍价值陈述的区别主要有以下若干方面：

① 突出普遍价值注重物质结果，忽视感悟体验过程。例如标准 i 中提及 11 道门、14 个坊、14 座亭和 4 座阁，但其背后指导这种门、坊、亭、阁建设的精神观念以及与"远望""登览""骋望"等体验方式的联系均未提及。这未提及的部分才反映出泰山风景名胜区人与自然共同创造的艺术杰作，而不是在于门、坊、亭、阁的数量。

② 突出普遍价值注重要素单体价值，忽视要素之间的联系。例如第 ii、iv 条标准中也是主要关注泰山风景名胜区中建筑单体的艺术价值。而如玉泉寺这一类建筑单体本身价值不高，但其与岱庙、红门、中天门、岱顶形成了轴线这一类则很容易被忽视。而整体价值会从营城建寺的智慧以及"望岳"这种精神联系的角度被关注。

③ 突出普遍价值关注历史上的一些重大事件点，而不是一种持续的活力。例如，标准 vi 的描述与整体价值有相似，但区别在于整体价值关注这

种风景区作为思想源泉地这种活力。未来也要继续延续这种活力，而不是说仅去重点保护反映一些重大历史事件的点。标准 iii 的描述也是如此，是对已经消失的文化的见证。

④ 突出普遍价值对精神价值的关注不够。相较而言，标准 vii 的描述比较综合。既描述了地理和生物演变过程，也提及了泰山的视觉特征以及人与自然共同作用这一特点。但是，并没有上升其所具有的人生感悟、国家认同感等精神价值的层面。这也是在强调全球普遍价值这一背景下必然会弱化的一个方面。

的确，突出普遍价值识别可发现风景名胜区价值中的一些局部的精细的细节，并且也有助于在全球背景下认识我国风景名胜区的重要性。但是，将突出普遍价值作为我国风景名胜区保护管理的基石是存在诸多缺陷的。其关注的是某些固定视角下最为突出的价值点，而不是关注风景名胜区自然人文系统所具有的系统功能和精神价值这一类根源性的价值。突出普遍价值识别可以用于补充对整体价值的认识。但是如果只看突出普遍价值，会将泰山理解成一些破碎的片段。

（3）与泰山风景名胜区总体规划中的价值认识的比较

根据《泰山风景名胜区总体规划（2003-2020）》[①]，泰山风景区具有珍贵的历史文化价值、独特的风景审美价值、典型的地质学研究价值和生物多样性保护价值。泰山风景名胜区整体价值陈述与现有总体规划中的资源价值认识的主要区别有以下 3 点：

① 风景区规划中的价值认知是侧重结果，是要素化的、分类的价值认知。而整体价值是侧重源头的价值识别。只有保护住了源头，保护住了活力才是更有意义的，才能培育和支撑这些要素化的、分类的价值。

② 风景区规划中的价值认知弱化了精神价值。而整体价值识别强调精神价值，尤其强调从自然特性、体验到情感、观念、思想的产生这一过程的价值。

③ 风景区规划中的价值认知弱化了传统地方生计的价值。整体价值补充了自然与生计联系的这一类地方性的价值。事实上，这一类价值的认可和延续对于风景名胜区的保护是十分关键的。

综上，整体价值分析技术方法虽然尚有诸多不成熟之处，但能识别出一些目前尚被忽视的价值，有助于促进风景名胜区走向重视系统、关系、过程的保护。

①《泰山风景名胜区总体规划（2003-2020）》是在1987年版的总体规划上的第一次修编，但最终并未经国务院评审，至今泰山风景名胜区仍然处于总体规划的状态。这里，为了说明整体价值与现有风景名胜区资源评价体系的区别，引用《泰山风景名胜区总体规划（2003-2020）》中的观点。

Chapter Five　　第 5 章————　风景名胜区整体价值保护策略

5.1　整体价值保护框架

5.1.1　目标：保护、传承和提升整体价值

传统风景名胜区资源保护理念正在发生转变，近年，受到世界遗产突出普遍价值理念的影响，学者提出风景名胜区保护目标应当是以保护本底价值或突出价值为主要目标。然而，对于重视"关系"和"整体"理念的风景名胜区而言，仅保护底线价值或突出价值依然是不够的。突出价值保护应建立在整体保护之上。在迫不得已的情况下，保护孤立存在的突出价值，这一底线不能再被突破。然而，整体价值才应是风景名胜区价值保护的理想目标。

理想情况下，保护、传承和提升整体价值这一目标应以条文的形式，明确出现在风景名胜区立法、总体规划技术规范和风景名胜区管理职责规定当中。并且，在规划编制时，应当对风景名胜区整体性以及整体价值的各个层面进行分析和最终陈述。应将风景名胜区整体价值最终陈述列入风景名胜区总体规划文本以及各风景名胜区相应的管理条例当中。

5.1.2　对象：驱动因素、过程、结果

整体价值强调对系统功能、精神意义这一类根源性价值的保护。保护对象的确定也与一般价值载体的确定方式不同。受已有研究的启发，本书提出风景名胜区整体价值的保护对象包括驱动因素、过程和结果3大类。

传统的景源保护方式和世界遗产载体保护方式均主要强调对结果的保护。此前，不少学者尝试将风景名胜区保护对象从结果拓展到过程，如赵智聪（2012）提出风景名胜区应当作为文化景观进行保护，保护对象包括"观念、行为和结果"；许晓青（2015）提出中国名山风景名胜区审美价值的保护对象包括"环境载体、体验载体、关系载体"等。此外，在自然生态保护方面中，徐婕（2008）将美国的自然资源整体保护理念引入风景名胜区，提出风景名胜区自然资源保护的基本目标包括生物、非生物过程以及自然系统，这些研究对本书中保护对象的提出十分有启发。

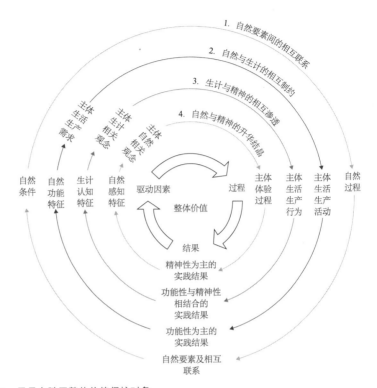

图 5-1　风景名胜区整体价值保护对象

　　不论是系统功能，还是精神意义，都是"涌现"出来的。我们很难直接对"涌现"结果进行保护，但是可以去保护或者创造"涌现"的条件。因此，提出了驱动因素、过程、结果 3 类保护对象。也就是说，如果我们保护住驱动因素，保障各种过程得以顺利发生，并保护住已经产生的结果，3 类保护对象不断循环促进，整体价值可能就是在这个运转过程中涌现出来的（图 5-1）。这里强调，即使对建筑、碑刻这些结果的保护部分也是促进过程。比如，实现自然与精神的升华结晶，需要有自然综合的部分感知特征，加上主体的某些精神观念作为驱动，经过主体一定的体验过程，最终可能产生一定的情感、观念和思想以及建造实践。而这些情感、观念和思想以及建造实践又会突出和加强自然特性，进一步促进体验过程。其他自然要素间的联系、自然与生计的相互制约、生计与精神的相互渗透这三方面的保护也是同理。只有通过这样全过程的保护，才能保护住风景名胜区的整体价值，才能使其系统功能和精神意义得以延续。

（1）第一层面整体性"自然要素间的相互联系"对应的保护对象

　　综合国外自然整体保护实践中的保护对象，归纳整理保护对象如表 5-1

所示。传统所关注的非生物要素特征、生物要素特征，如九寨沟的彩湖叠瀑、大熊猫和金丝猴等珍稀濒危物种都属于结果类保护对象。与景源保护对象的区别之一在于，对于结果类保护对象，还增加了要素之间的联系特征。区别之二在于增加了自然过程保护对象，表中尽可能全地罗列了所有非生物和生物过程。这些过程是结果得以持续存在和演变的基础。区别之三在于特别强调将非生物和生物过程发生的必要条件列入驱动因素类保护对象，例如九寨沟钙化地貌高度发育所需的气象、地质方面的特殊条件。

"自然要素间的相互联系"对应的保护对象一览表　　　　　　　　表 5-1

大类	编号	中类	小类及其说明
驱动因素	1-1	自然条件	过程良好运转所需的基本条件。一般包括大气条件、水文条件、土壤条件、地质地貌条件。如活跃的特有科属植物进化所需的气候、水文和土壤条件
过程	1-2	自然过程	非生物过程包括地质作用（包括侵蚀过程、风化作用、钙华作用、沉积作用、淤积作用、堆积作用等）；水文过程（包括地表水文过程、地下水文过程、地表水地下水交换过程）；洞穴形成过程；自然火过程；气候过程；土壤发育过程；营养物质循环过程。 生物过程包括植物光合作用、蒸腾作用、雾化吸收作用等；生物演替过程；生物进化过程（尤其是独特的较高层次的分类类群进化，如特有科属进化）；食物链运作过程；生物迁徙（尤其是一定自然范围内移动的完整的脊椎动物种群）、繁殖（尤其是集体产卵现象等）、觅食、营穴、休眠行为；微生物作用过程
结果	1-3	自然要素及相互联系	非生物要素特征包括水（包括地表水、地下水）特征；大气特征（包括蓝天、夜空）；土壤特征；地貌地质特征；古生物资源特征。生物要素特征是指本地植物、动物和群落特征；各自然要素相互间联系的特征

注：该表内容对应图 5-1 中的编号"1"。

（2）第二层面整体性"自然与生计的相互制约"对应的保护对象

"自然与生计的相互制约"这一过程可以解释为生计主体有着尊重自然的观念，并存在一定生产生活需求，很好地利用了自然客体的部分功能特征，通过生产、建造等行为，最终村落、建筑、土地利用、生产方式等呈现出与自然相和的结果。其中，自然客体的部分功能特征和生计主体观念属于驱动因素类保护对象，主体的行为属于过程类保护对象，最终的村落、建筑、土地利用、生产方式及其与自然之间的关系属于结果类保护对象（表 5-2）。与景源保护对象的主要区别在于：① 增加对主体传统的生产生活活动及其背后的需求这一过程保护；② 增加自然的部分功能特征的保护，主要是自然客体对于传统生产生活活动所具有的宜居特征、宜产特征。

"自然与生计的相互制约"对应的保护对象一览　　　　　　　　　　　　　　　　　　　表 5-2

大类	编号	中类	小类及其说明
驱动因素	2-1	自然功能特征	主要是自然客体对于生产生活活动所具有的宜居特征、宜产特征。一般包括大气条件、水文条件、土壤条件、地质地貌条件、动植物条件。如九寨沟风景名胜区的古溶洼地貌及其良好的水文、土壤条件，泰山的洪积土壤、泉水分布
	2-2	主体生活生产需求	主体的存在及其基本的生产生活需求
过程	2-3	主体生活生产活动	包括建造行为本身及其所需的建造技术、材料等；生产行为本身及其所需的建造技术、物质等
结果	2-4	功能性为主的实践结果	主体行为所产生的实体要素。如村落选址，村落及其周边环境格局；建筑规模、形态等与自然要素的关系

注：该表内容对应图 5-1 中的编号 "2"。

（3）第三层面整体性"生计与精神的相互渗透"对应的保护对象

"生计与精神的相互渗透"这一过程可以解释为主体存在更高的精神需求，提炼出生计中的某些认知特征，并将其提升到了审美或者信仰层面。在这种信仰或审美下，产生了一定行为，这种行为加强了生计的这些特征，并产生了功能性与精神性相结合的实践结果。其中，主体的精神观念、生计的某些认知性特征是驱动因素类保护对象，所引发的行为属于过程类保护对象。最后，所形成的生计与精神的关系以及反映这种关系的实体要素属于结果类保护对象（表 5-3）。

"生计与精神的相互渗透"保护对象一览　　　　　　　　　　　　　　　　　　　　　表 5-3

大类	编号	中类	小类及其说明
驱动因素	3-1	生计认知特征	触发主体情感的生计方面的部分特征，如与自然相和谐的生活生产方式。如西湖分景区龙井茶的传统种植方式以及龙井茶的"清冽"口感，武夷山风景名胜区利用丹霞地貌的岩茶种植，九寨沟富饶的物产
	3-2	主体生计相关观念	九寨沟寨民对富饶山川的信仰，西湖文人的山水审美需求

大类	编号	中类	小类及其说明
过程	3-3	主体生活生产行为	审美行为、祭祀行为等。如西湖文人、僧人融合品茶的山水审美活动，九寨沟藏民的转山、撒隆达等行为
结果	3-4	功能性与精神性相结合的实践结果	生计要素和精神文化之间的关系，以及主体实践行为产生的实体要素，如反映西湖茶禅文化的碑刻、建筑等遗址遗迹，九寨沟藏民的祭祀点体系

注：该表内容对应图 5-1 中的编号"3"。

（4）第四层面整体性"自然与精神的升华结晶"对应的保护对象

"自然与精神的升华结晶"这一过程可以解释为：通过对自然特性的体验引发了情感，情感引发了实践，实践突出了自然特性，进一步又强化了情感。最终达到自然与精神的升华结晶，实际上是一个主客体作用后的精神涌现。因此，对于驱动因素和过程的保护十分重要，只有这样才能真正延续整个过程。这里强调，驱动因素并非只有观念层面，而是自然客体特性和观念双方共同驱动的。通常，传统风景名胜区保护所关注的人文景源属于结果类保护对象。体验过程属于过程类保护对象。主体的精神观念、自然客体特性属于驱动因素类保护对象（表5-4）。与景源保护对象的区别在于：① 增加了主体自然相关精神观念、主体体验过程；② 对自然感知特征、实践结果的描述更全面。

"自然与精神的升华结晶"保护对象一览　　　　　　　　　　　表 5-4

大类	编号	中类	小类及其说明
驱动因素	4-1	自然综合感知特征	触发主体情感的自然客体特征，包括视景、嗅景、触景、味景、声景等方面。可能是气象、地质地貌、水文、生物等的形态、气势、色彩、氛围、时间变化等特征。如泰山通天接地的气势，云雾窈窕的"灵氛"；五台山南台的鲜花繁茂和独特的嗅觉
	4-2	主体自然相关观念	主体自身所具有的观念，如隐逸思想、求仙思想、儒家行仁思想、文殊信仰等
过程	4-3	主体体验过程	包括主体的体验行为以及对自然环境的改造行为。如泰山从艰险的群山脚下攀登至绝顶的体验、五台山僧人的朝台行为、武夷山九曲溪逆流而上的行舟体验等
结果	4-4	精神性为主的实践结果	主体所达到的精神境界，以及少量主体对自然环境改造后的实体要素，如泰山的登山中轴、五台山的朝台路线等

注：该表内容对应图 5-1 中的编号"4"。

　　这里特别强调将体验过程纳入保护对象，体验是感悟风景的重要途径。目前我们时常面临这样的情况：譬如，五岳的知名度非常高，慕名而来的人络绎不绝，但同时随手扔垃圾的现象非常严重。根源是在于其内心并没有将这块地方当作是神圣的、有灵性的、需要爱护的，这尚且是在没有影响自身利益的情况下做出的行为。如果触及个人利益，还会做出更多破坏风景名胜区的行为，这是非常令人担忧的。泰山所具有的精神意义（如神圣性、艺术创作源泉、人生感悟场所等）需要通过更好的体验方式寻找回来。日本富士山的教训需要我们记住，日本《朝日新闻》的评论文章报道，在日本攀登富士山这一传统源远流长，充满神圣的宗教仪式味道，但这种神圣感已经随着观光游客的剧增而逐渐丧失。也就说对于这一类有着一定精神意义的名山，仅保护自然山体，忽视体验感悟过程是不能保护其精神意义的。

　　以上为风景名胜区整体价值的所有保护对象，所有保护对象具有内在价值，不可以被随意干预和改变。但其中，并非每一项保护对象都是突出的整体价值的载体，或对其他突出价值有支撑和培育作用，需要从所有保护对象进一步识别和筛选，筛选之后的结果将直接影响风景名胜区的解说教育和展示的主要内容。

5.1.3　保护措施：保障和调控整体价值保护机制

　　理想的风景名胜区整体价值保护其实需要的是对"制"的调整，而不是直接改变结果，长期看来，这一方式更为经济并且有效。因此，风景名胜区保护措施的重点是保障和调控风景名胜区整体价值保护机制。机制包括驱动因素作用的机制、过程发生的机制和结果存在的机制。这种机制可以是对受影响自然机制的适当恢复；可以是对传统机制的认可，如风景名胜区当地社区的村规民俗；也可以是法律规章、经济调控、政策激励等新的保障机制。保障结果存在的各种机制比较常见，也已受到足够关注。本小节重点通过案例介绍，说明保障驱动因素持续作用的机制和保障过程发生的机制。

5.1.3.1　日本非物质文化遗产的"心意传承"方式说明对驱动因素作用机制的保障和调控

　　日本是世界上最早立法保护非物质文化遗产的国家之一。日本于 1950年颁布的《文化财保护法》中规定，非物质文化遗产是指"日本历史上或艺术上价值珍贵的戏剧、音乐和工艺技术"①。随着时间推进，保护范围也在不断扩大。1975年第二次修订《文化财保护法》时，首次将"无形民俗文化财，即民俗类非物质文化遗产"纳入保护范围，包括生活、生产、信仰、仪式等相关的风俗习惯、民俗艺术和民俗技术。区别于之前独立于日常生活的技术或艺术类非物质文化遗产，"无形民俗文化财"是活的、不失日常性的。针对这一类特殊的非物质文化遗产，学者们提出了新的保护思路和方法，即"心意传承"，重视对"心意"的保护。"心意传承"区别于重视保护形态样式的"模型传承"的传统保护思路。

　　"心意"是指一种内在的"感情、观念、信仰"②。心意传承是指作为传承人的地方民众在从事一种代表非物质文化遗产的行为时，保持传统的信仰、祈祷意识或思想观念。心意传承的保护主体以当地住民为主，比较排斥政府和外部人士的直接干预。在日本现代社会中，传统民俗文化的延续以保存会③之类的民间自发组织为依托，在日常生活中自然传承。这种保存会具有绝对的民间性，主要活动经费来自当地社区民众的捐赠，会员主要为当地老住户，几乎不接受外来人。保存会的正常运行主要依靠个人威望与传统习惯，参与活动主要出于会员维护本地传统的责任感。而政府和外部人士的态度首先不是干预，更多的是以一种旁观者的角度，对传承主体的心意"变迁"给予一种持续关注。因为政府的介入，甚至过度的干预可能是一种越俎代庖的行为，反而可能在不知实情的情况下改变继承者的心意。之所以还需要一种外界人士的持续关注，主要是为了避免"传承人的习惯性意识或感觉往往遮蔽其缓慢的变化"。以京都"祇园祭"民俗类非物质文化遗产为例，国家及地方管理部门采取的方式是派人考察，并提供一些建议。

　　当然，心意的传承并不意味心意的固化，其允许人的认识、观念发生变化。以京都"祇园祭"④为例，今天当地人已经不再相信"牛头天王作祟"的传说，但是，"祇园祭"这样的民俗活动仍然能够代代传承，并始终保持着旺盛生命力，仍被认为是"不失心意"的。因为"祇园祭"至今仍给人感觉是日常生活的一部分，而非成为一种商业化表演和单纯的观光活动。研究者对"祇园祭"各保存会、文化学者、当地居民等进行了大量采访，结果表明：大部分人感觉不到祇园祭有什么商业目的，也感觉不到谁在刻意的保护。综上可见，心意传承基本依靠当地民众自发保护传承，对外界人士的干预（包括政策上、财务上的干预等）持有一种警惕之心。

　　这种保护机制对我国风景名胜区整体价值的保护具有启发性。作为文化

---

① 文化财保护法·御署名原本·昭和二十五年（1950年）·法律第二一四号（御32601）。
② 柳田国男三部分类法，http://ja.wikipedia.org/wiki/%E6%B0%91%E4%BF%97%E8%B3%87%E6%96%99%E3%81%AE%E5%88%86%E9%A1%9E。
③ 在日本的每个村镇，如果有传统的民俗文化活动，就会有相应的"保存会"存在。以"祇园祭"为例，京都府"河原町"设有"祇园祭"的35个保存会。
④ 日本的"祭"字是节日的意思，祇园祭同东京的神田祭，大阪天神祭是日本的三大祭礼之一，其中以祇园祭最为盛大。从7月10日的神轿洗礼到7月24日的还兴祭，要整整花费一个月的时间，在京都的4条行政区划一带展开祭礼。

景观的风景名胜区，非物质的文化是其产生发展原动力。例如，九寨沟的神山信仰体系，正是因为藏民信仰的存在，转山行为以及神山、祭祀点才具有意义，才区别于其他自然物。事实上，我们了解到九寨沟藏民的祭祀点并非固定不变，而是通过一套规则由专人专门选址而固定下来。这更加说明祭祀点是依托藏民的观念而存在。对于这种与心意密切相关的文化景观，我们应该采取一种谨慎干预的态度；对于类似的地方大力发展文化观光旅游、让游客来体验藏民的朝山行为或是观看仪式的措施是否应该能轻则轻、能免则免。否则，这种"心意"极有可能在过度催化下丧失，并迅速形式化。

综上是对保障观念存在机制的一个案例的解读。日本非物质文化遗产主要采取了民间自发组织"保存会"、资金自由、政府旁观记录和谨慎干预这三方面的政策，以尽可能保护当地的文化传统，避免"心意"的丧失。

5.1.3.2　美国黄石国家公园生态管理案例说明对过程发生机制的保障和调控

随着对实践的反思，美国黄石国家公园生态管理逐渐走向对过程的保障和调控。20 世纪初期，为保护深受人们喜爱的麋鹿，美国黄石公园灰狼被大批猎杀。由于缺少天敌，麋鹿疯狂繁殖，啃食树木幼苗，三叶杨等植物遭受灭顶之灾。同时也毁灭性地破坏了灰熊依赖的灌木浆果。这正是生物过程遭受破坏之后导致的失控。1995 年冬季，美国国家公园管理署和渔业野生动物署将 14 只灰狼从加拿大重新引入黄石国家公园，尝试恢复黄石国家公园生态系统的平衡。目前，麋鹿过度啃噬植被的现象已经得到控制。这种通过生物过程保障和调控保护自然生态系统的思路也一直延续至今。管理者每年持续地监测麋鹿、灰熊、狼的数量和分布，分析黄石生态系统的变化，再决定是否需要干预。

在火管理方面也走向过程化的管理。从 1881 年至今，黄石国家公园记录了每次火情发生的时间、位置、面积和过火边界。早期的火管理政策是扑灭一切火情，以保存森林。1963 年的《利奥波德报告》（*The Leopold Report*）标志着国家公园对于火的态度和政策的变化。该报告阐述了自然火在生态系统中的重要作用。事实上，火可以提升自然环境的健康程度，并增加生物多样性。1972 年，黄石管理政策响应了这一观念上的变化，开始制定自然火管理政策，允许一定的自然火发生。政策规划了位于偏僻地区（Backcountry Regions）中的 340784 英亩（约 1380km²）的面积为自然火区域。1972—

1974 年，自然火区域内发生了 10 次自然火，燃烧了 831 英亩（约 3.36km²）。有了管理火的成功经验之后，管理者将自然火区域扩大整个公园（除了游客利用集中的开发区域和公园边界周围的缓冲区）。1992 年黄石国家公园编制了新版的火管理规划，提出人工灭火、一定规定范围内的自然火、计划火烧三大火管理策略[①]。

在河流管理方面也强调对过程的保护。首先，美国 1968 年颁布的《野生与风景河流法案》中已经着重强调河流自然流淌的意义。美国国家公园管理局发布的《管理政策（2006）》规定，自然水文量原则上不应受到干扰，黄石国家公园的河流管理遵循这一政策。黄石国家公园内的蛇河源头的 414 英里（约 622.4km）于 2009 年列入国家野生自然与风景河流体系。并且，黄石国家公园管理还在寻求进一步的突破。2013 年，由黄石国家公园和大提顿国家公园联合编制了《蛇河源头综合管理规划》（*Snake River Headwaters Comprehensive River Management Plan*），制定了整个河源的分类、边界划定、游客容量、监测指标。

黄石国家公园案例展示了管理者通过对自然机制的认可、人工干预的控制，来保障自然过程的正常运转，而非直接干预结果以达到想要的状态。尽管这一案例仅是在自然生态保护领域，但是这一保护的思路和方式对于风景名胜区整体价值保护也是适用的。

5.1.4　与现有风景名胜区资源保护培育规划等的嵌入关系

本小节提出了风景名胜区整体价值保护框架：保护核心理念是保护、传承和提升整体价值；保护对象包括驱动因素、过程、结果 3 大类；主要措施是保障和调控整体价值保护机制。

（1）与现有风景名胜区资源保护培育规划的嵌入关系

如图 5-2 所示，与现有风景名胜区资源保护培育规划的嵌入关系建议如下：

① 整体价值保护对象、保护机制的保障和调控两部分内容将分别对应并替代现有保护培育规划中的明确保育的具体对象、确定保育原则和措施缓解。这种替代是一种扩展性的替代。保护对象主要扩展了对驱动因素和过程的保护。保护措施主要扩展了对驱动因素和过程的机制的保护。

② 整体价值中的目标确定环节将新增在"查清保育资源"之前。现在风景名胜区资源培育规划中目标的制定是缺失的。

① 引自《2004 黄石国家公园野火管理规划修编》（*2004 Update of the 1992 Wildland Fire Management Plan*），详细内容见 http://parkplanning.nps.gov/projectHome.cfm?projectId=39534。

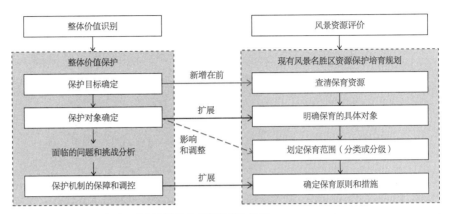

图 5-2　与现有风景名胜区资源保护培育规划的嵌入关系

　　③ 整体价值保护框架中，保护对象的确定还将影响保护分区的划定。如在九寨沟风景名胜区，风景名胜区 4 个层面整体性的空间分布呈现出一定的特征：南部海拔逐渐升高，以"自然要素间的相互联系"为主；也有北侧沟谷半山腰处若干区域以"自然与生计的相互制约"为主；介于前两者之间的，是以"生计与精神的相互渗透"为主，这片区域包含着各个老寨；最后，扎如沟的扎依扎嘎山的转山路线则体现了"自然与精神的升华结晶"，主要是线状分布。每片区域保护的目标状态与原则也不相同，如在以"自然要素间的相互联系"为主的区域，目标状态是保持自然原始状态，基本不受人类活动干扰，并且严格控制游客规模；在以"自然与生计的相互制约"为主的区域的目标状态是保持自然与生计相互间的和谐状态，原始的自然可以在一定程度上被改变；而在以"自然与精神的升华结晶"为主的区域，需要严格的保护主体体验感悟的过程等。这些特点可以指导保护分区的划定。

　　上述在一个风景名胜区同时存在 4 个层面的整体性，可能在国际上比较少见，但在我国风景名胜区是比较常见的。这里再以泰山风景名胜区为例进行简单说明。

　　泰山风景名胜区总面积约 120km^2。自古以来，主要分为岱阴和岱阳两大片区域。在区位差异、自然条件差异、人文环境差异等综合影响下，形成了两个区域不同的特点。岱阳距离岱庙、泰安古城更近，拥有最短、最陡的登顶路线，沿途道观、柏树、牌坊、石刻，历史人文气息浓厚，并且长期以来，人工对植被等进行了一定程度的改变和维护。相较而言，岱阴人迹罕至，历史人文遗迹较少，并且与广袤的泰山脚下的丘陵地相连接，有条件恢复到更好的自然生态环境。泰山西侧桃花峪、东侧天井湾位于岱阴岱阳之

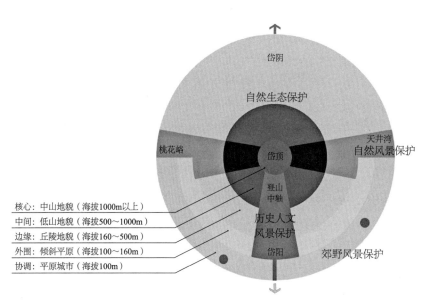

图 5-3　泰山风景名胜区资源保护结构示意

间，自然程度也介于二者之间，有一定的历史人文遗迹，并且局部环境也经过了长时间的人工改造和维护，但总体自然程度较登山中轴高。综上，可以提炼出泰山的保护结构（图 5-3）。岱阴以自然生态保护为主，即主要作为自然遗产进行保护；岱阳以历史人文风景保护为主，即主要作为文化景观进行保护。周边环以郊野风景为主的区域。对于不同的区域，保护的目标自然程度有所不同（表 5-5），在这一结构上进行更细的保护管理分区。相同之处在于，都要尽可能地从驱动因素、过程、结果 3 个方面进行保护，共同实现风景名胜区整体价值的保护。

泰山风景名胜区不同保护区域　　　　　　　　　　　　　　　　　　　　　　　　表 5-5

类型	重要性	保护力度	自然程度	主要空间位置
自然生态保护区域	基础	总体加大	原生自然	历史和现状人为干扰最小，相对自然的区域，主要包括泰山后山（北部）地区
自然风景保护区域	核心	总体维持局部完善	近原生自然	历史上山水审美的核心地区，主要包括东、中、西溪和泮汶河流域，即主要大众游线区域
人文风景保护区域	核心	总体维持局部完善	人工点缀的自然	历史上的登封之地，包括登山中路、岱庙、灵岩寺、蒿里山等地区
郊野风景保护区域	次要	总体控制局部缩小	人工自然	历史上延续至今的村落林地，以及位于前山低山的非连片的郊野绿地。主要包括黑龙潭公园、环山公路一侧绿化等

④ 扩展保护对象还将影响风景游赏规划、居民社会调控规划等其他风景名胜区总体规划的专项。整体价值保护对象相较于景源保护对象而言，主要增加了驱动因素类、过程类保护对象。例如，新增主体体验过程保护对象之后，风景游赏规划中需要考虑如何保障经典的、传统的游线和体验方式，促进风景名胜区精神价值的发挥和传承。在保障这些游线和体验方式的前提下，再去探讨更多的风景游赏方式。再如，新增传统生产生活、自然部分功能特征、主体生产生活需求、生计部分认知特征、主体生计相关精神观念等这些社区相关的保护对象之后，有助于明确居民社会调控规划时需要保护的对象，进而辅助决定哪些要素可以被改变，且不至于影响风景名胜区自然人文系统的活力和人居智慧的延续。

（2）与一般景观规划步骤之间的对应关系

以著名的卡尔·斯坦尼兹提出的规划框架为例，补充说明本文提出的整体价值识别与保护和一般景观规划步骤之间的对应关系。卡尔·斯坦尼兹规划框架包括 6 个主要步骤：表述模型、过程模型、评价模型、改变模型、影响模型、决策模型。风景名胜区整体性研究将有助于表述模型和过程模型步骤工作的开展（图 5-4）。整体价值分析属于评价模型。目标和保护对象是保护优先的保护地规划所特别强调的，是"改变模型"的目的，同时也是限制条件。保障和调控保护机制涉及了改变模型、影响模型和决策模型 3 个步骤。总体，整体价值识别与保护是从对风景名胜区表述模型的不同而衍生出来的一套逻辑。

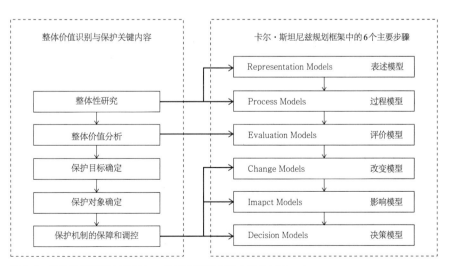

图 5-4　整体价值识别与保护与一般景观规划步骤之间的对接

5.2 保护规划与管理现状分析

5.2.1 风景名胜区总规文本案例层面

本书选取了 30 处国家级风景名胜区总体规划文本案例,对其中的保护对象和措施进行提取,并与整体价值保护目标进行差距分析。为保证分析结果的代表性,所选取风景名胜区总体规划文本案例覆盖了不同地理位置、距离城市不同远近、不同资源类型、不同批次、不同规划时间的风景名胜区。在地理位置方面,所选案例涉及我国东部、中部、西部(表 5-6)的风景名胜区。在与城市关系方面,有位于城市中或紧邻城市的,也有远离城市的,以及介于二者之间的风景名胜区。在资源类型上,涉及山岳型、湖泊型、江河型等多种风景名胜区类型。在批次方面,涉及从第一到第六批的风景名胜区。同时考虑到我国第一批国家风景名胜区普遍受认可度最高。因为所选案例中仍以第一批为主,在规划时间上,最早编制时间约为 1994 年,最晚到2011 年。

30 处风景名胜区案例一览表 　　　　　　　　　　　　　　　　　　　　　表 5-6

编号	名称	地理位置	离城市距离	资源类型	批次
1	西湖风景名胜区	东部	近	城市风景型;湖泊型	第一批
2	普陀山风景名胜区	东部	近	海滨海岛型	第一批
3	冠豸山风景名胜区	东部	近	山岳型	第三批
4	鼓山风景名胜区	东部	近	山岳型	第四批
5	楠溪江风景名胜区	东部	中	江河型	第二批
6	崂山风景名胜区	东部	中	山岳型	第一批
7	武夷山风景名胜区	东部	中	山岳型	第一批
8	桂林漓江风景名胜区	东部	中	山岳型;江河型	第一批
9	青城山都江堰风景名胜区	西部	近	山岳型	第一批
10	大理风景名胜区	西部	近	山岳型;湖泊型	第一批

编号	名称	地理位置	离城市距离	资源类型	批次
11	青海湖风景名胜区	西部	远	湖泊型	第三批
12	四面山风景名胜区	西部	远	山岳型	第三批
13	普者黑风景名胜区	西部	远	山岳型；江河型	第五批
14	腾冲地热火山风景名胜区	西部	远	特殊地貌型	第三批
15	九寨沟风景名胜区	西部	远	特殊地貌型	第一批
16	白龙湖风景名胜区	西部	中	湖泊型	第五批
17	天山天池风景名胜区	西部	中	湖泊型	第一批
18	华山风景名胜区	西部	中	山岳型	第一批
19	龙门风景名胜区	中部	近	壁画石窟型	第五批
20	方山—长屿硐山风景名胜区	中部	近	山岳型	第六批
21	岳麓山风景名胜区	中部	近	山岳型	第四批
22	庐山风景名胜区	中部	近	山岳型	第一批
23	嵩山风景名胜区	中部	近	山岳型	第一批
24	五大连池风景名胜区	中部	中	湖泊型	第一批
25	龙虎山风景名胜区	中部	中	山岳型	第二批
26	三清山风景名胜区	中部	中	山岳型	第二批
27	武陵源风景名胜区	中部	中	山岳型	第二批
28	衡山风景名胜区	中部	中	山岳型	第一批
29	黄山风景名胜区	中部	中	山岳型	第一批
30	五台山风景名胜区	中部	中	山岳型	第一批

5.2.1.1　保护对象分析

风景名胜区总体规划中通常没有直接关于保护对象的章节。这里主要通过对风景名胜区总体规划文本及说明书中的风景资源评价、风景名胜区性质、保护培育规划 3 部分内容的解读，判断出规划中涉及的保护对象。

在自然要素间的相互联系这一层面，30 处风景名胜区规划中涉及的保护对象与本书中提出的保护对象类型之间的比较结果如表 5-7 所示。总体而言，在驱动因素类、过程类、结果类三类保护对象中，结果类保护对象受关注多，其他两类受到的关注相对较少。首先，对于驱动类保护对象，桂林漓江十分详细地说明了桂林漓江喀斯特高度持续发育的所有特殊条件，包括地质岩层、气候变迁史、水文等方面，并将这些条件作为桂林岩溶峰林地貌景观的首要特点。其他有衡山、西湖、天山天池等若干例子提及了景观形成的条件。这与资源类型差异有一定关系，演变更为活跃的岩溶地貌往往对于形成条件更为重视。但九寨沟、腾冲地热火山、五大连池等自然过程比较活跃的风景名胜区对于形成条件的强调也是不够的。再者，对于过程类保护对象，目前对于地质地貌过程和水文过程受到的关注最多，其次为生物过程，对于其他自然过程关注甚少。对于结果类保护对象，目前主要关注的是地表水和地下水特征、地质地貌特征、本地动植物和群落特征，但也存在对地下水特征、生物群落特征保护的不足。此外，对于大气、土壤和古生物资源特征的关注较少，大多是十分模糊地提到了水土保持，但并未明确将土壤列入保护对象。

"自然要素间的相互联系"层面保护对象差距分析 　　　　　　　　　　表 5-7

整体价值保护对象	大类 中类 小类（14项）	驱动类 自然条件 保障过程发生的条件	过程类 自然过程 地质地貌过程	水文过程	气候过程	土壤发育过程	自然火过程	生物过程	结果类 自然要素特征及其联系特征 地表水和地下水特征	大气特征（包括蓝天夜空）	土壤特征	地貌地质特征	古生物资源特征	本地动植物和群落特征	自然要素间联系特征
1	西湖	⊘	⊗	⊘	⊗	⊗	⊗	⊗	⊘	⊗	⊗	⊘	⊗	⊗	⊗
2	普陀山	⊗	⊗	⊗	⊗	⊗	⊗	⊗	⊗	⊗	⊗	⊗	⊗	○	⊗
3	冠豸山	⊘	⊗	⊘	⊗	⊗	⊗	⊗	●	●	⊘	○	⊗	●	⊗
4	鼓山	⊗	⊗	⊘	⊗	⊗	⊗	⊗	●	●	⊘	○	⊗	●	⊗
5	楠溪江	⊗	○	●	⊗	⊗	⊗	⊗	●	⊗	⊗	⊗	⊗	●	⊗
6	崂山	⊗	⊘	⊘	⊗	⊗	⊗	⊗	⊘	⊗	⊗	⊘	⊗	⊘	⊗
7	武夷山	⊘	○	●	⊗	⊗	⊗	⊗	●	⊗	⊗	●	⊗	●	⊗
8	桂林漓江	●	●	○	⊘	⊗	⊗	⊗	●	⊗	⊗	●	⊘	⊘	⊘
9	青城山都江堰	⊗	⊗	⊗	⊗	⊗	⊗	⊗	●	●	○	⊘	⊗	●	⊗

续表

整体价值保护对象	小类(14项)	驱动类	过程类						结果类						
		自然条件	自然过程						自然要素特征及其联系特征						
		保障过程发生的条件	地质地貌过程	水文过程	气候过程	土壤发育过程	自然火过程	生物过程	地表水和地下水特征	大气特征(包括蓝天夜空)	土壤特征	地貌地质特征	古生物资源特征	本地动植物和群落特征	自然要素间联系特征
10	大理	●	○	○	⊗	⊗	⊗	⊗	⊗	●	○	●	⊗	●	⊗
11	青海湖	⊗	○	●	○	⊗	⊗	●	●	⊗	●	⊗	⊗	●	⊗
12	四面山	⊗	⊗	⊗	⊗	⊗	⊗	⊗	●	⊗	⊗	●	⊗	●	⊗
13	普者黑	⊗	⊗	○	⊗	⊗	⊗	⊗	●	⊗	⊗	●	⊗	○	⊗
14	腾冲地热火山	⊗	⊗	⊗	⊗	⊗	⊗	⊗	●	⊗	⊗	○	○	●	○
15	九寨沟	⊗	○	○	⊗	⊗	⊗	⊗	●	○	⊗	●	⊗	●	⊗
16	白龙湖	⊗	⊗	●	⊗	⊗	⊗	⊗	●	●	⊗	⊗	⊗	⊗	⊗
17	天山天池	◐	⊗	●	⊗	⊗	⊗	⊗	●	●	○	⊗	⊗	●	●
18	华山	◐	⊗	⊗	⊗	⊗	⊗	●	⊗	⊗	⊗	●	⊗	●	⊗
19	龙门	⊗	⊗	⊗	⊗	⊗	⊗	⊗	⊗	⊗	⊗	●	⊗	⊗	⊗
20	方山—长屿硐山	⊗	⊗	○	⊗	⊗	⊗	⊗	●	⊗	○	●	⊗	○	⊗
21	岳麓山	⊗	⊗	⊗	⊗	⊗	⊗	⊗	⊗	⊗	⊗	⊗	⊗	⊗	⊗
22	庐山	⊗	⊗	⊗	⊗	⊗	⊗	⊗	⊗	●	⊗	⊗	⊗	⊗	⊗
23	嵩山	◐	⊗	⊗	⊗	⊗	⊗	⊗	○	⊗	⊗	●	⊗	⊗	⊗
24	五大连池	⊗	⊗	⊗	⊗	⊗	⊗	⊗	●	⊗	⊗	●	⊗	●	●
25	龙虎山	⊗	⊗	⊗	⊗	⊗	⊗	⊗	⊗	⊗	⊗	●	⊗	⊗	⊗
26	三清山	⊗	⊗	⊗	⊗	⊗	⊗	◐	●	⊗	⊗	●	⊗	⊗	⊗
27	武陵源	⊗	●	○	○	⊗	⊗	●	●	●	⊗	●	⊗	⊗	⊗
28	衡山	◐	⊗	⊗	⊗	⊗	⊗	⊗	⊗	⊗	●	●	⊗	●	⊗
29	黄山	⊗	●	◐	●	⊗	⊗	●	⊗	○	⊗	●	⊗	●	⊗
30	五台山	⊗	⊗	⊗	⊗	⊗	⊗	⊗	○	●	⊗	○	⊗	●	⊗

注：●，规划文件中明确规定且内容全面；○，规划文件中明确规定但笼统模糊；◐，规划文件中有部分涉及；⊗，规划文件中未见明确规定。

　　在自然与生计的相互制约这一层面，30 处风景名胜区规划中涉及的保护对象与本书中提出的保护对象类型之间的比较结果如表 5-8 所示。在提取保护对象时，除了查阅风景资源评价、风景名胜区性质、保护培育规划 3 个部分内容，还查阅了社区相关的居民点调控规划。总体而言，有 7 处风景名胜区明显提出该层面的保护。在大理风景名胜区的规划中，提到"在山峦之间镶嵌着许多大小不同的盆地——坝子"。坝子中平畴万里，星罗棋布的村落镶嵌在绿色或金色的田野里，灰瓦白墙的居民和村寨中茂盛挺拔的大青树，袅袅的炊烟构成一幅美丽迷人的田园风光画卷。尤其是大理坝子，作为风景名胜区内面积最大的坝子，这片土地山水濒临，两关据守，"东有洱海、西有苍山、南有下关，北有上关"，自古即成为南诏大理国兴盛繁荣的首选之地。"百里平川之上十八条溪水蜿蜒入洱海，山水之间稻田成片，民居点，犹如世外桃源。"这一段话，比较清晰地说明了哪些自然因素使得人们在此聚居，以及人们如何利用这些自然条件。此外，有 11 处风景名胜区正在进行资源评价，都涉及当地社区或者僧人等群体的生产生活观念。对于过程类保护对象，部分风景名胜区涉及该类保护对象，但总体比较模糊，未明确将当地的传统生产生活过程列入保护对象。对于结果类保护对象，目前少数民族地区的风景名胜区关注更多。

"自然与生计的相互制约"层面保护对象差距分析 表 5-8

整体价值保护对象	大类	驱动类		过程类	结果类	
	中类	自然部分功能特征			功能性为主的实践结果	
	小类（6项）	适居特征	适产特征	主体生产生活观念	主体生活生产过程	住居及其与自然因素的关系	生产及其与自然因素的关系
1	西湖	⊗	○	○	○	○	⊗
2	普陀山	⊗	⊗	⊗	⊗	⊗	⊗
3	冠豸山	⊗	⊗	●	⊗	⊗	⊗
4	鼓山	⊗	⊗	⊗	⊗	○	○
5	楠溪江	●	●	●	●	●	●
6	崂山	⊗	⊗	⊗	⊗	○	⊗
7	武夷山	⊗	○	⊗	⊗	⊗	●
8	桂林漓江	⊗	⊗	○	●	●	●
9	青城山都江堰	⊗	⊗	⊗	⊗	⊗	⊗

续表

整体价值保护对象	大类 中类 小类 （6项）	驱动类		过程类	结果类	
		自然部分功能特征		主体生产 生活观念	功能性为主的实践结果	
		适居特征	适产特征		住居及其与 自然因素的 关系	生产及其与 自然因素的 关系
10	大理	●	●	○	⊗	●	●
11	青海湖	⊗	⊗	○	○	⊗	○
12	四面山	⊗	⊗	⊗	⊗	⊗	⊗
13	普者黑	⊗	⊗	○	○	⊗	⊗
14	腾冲地 热火山	⊗	⊗	⊗	⊗	○	⊗
15	九寨沟	⊗	⊗	●	●	⊗	⊗
16	白龙湖	⊗	⊗	⊗	⊗	⊗	○
17	天山天池	⊗	⊗	○	⊗	○	○
18	华山	⊗	⊗	⊗	⊗	⊗	⊗
19	龙门	○	⊗	○	⊗	●	⊗
20	方山— 长屿硐山	⊗	⊗	⊗	⊗	⊗	○
21	岳麓山	⊗	⊗	⊗	⊗	⊗	⊗
22	庐山	⊗	⊗	⊗	⊗	⊗	⊗
23	嵩山	⊗	⊗	⊗	⊗	⊗	⊗
24	五大连池	⊗	⊗	⊗	○	⊗	⊗
25	龙虎山	⊗	⊗	⊗	⊗	○	⊗
26	三清山	⊗	⊗	⊗	⊗	○	⊗
27	武陵源	⊗	⊗	⊗	⊗	○	⊗
28	衡山	⊗	⊗	⊗	○	⊗	⊗
29	黄山	○	○	○	○	⊗	○
30	五台山	⊗	⊗	⊗	⊗	⊗	⊗

注：●，规划文件中明确规定且内容全面；○，规划文件中明确规定但笼统模糊；◌，规划文件中有部分涉及；
⊗，规划文件中未见明确规定。

在生计与精神的相互渗透这一层面，西湖和楠溪江风景名胜区规划在这一方面的挖掘比较充足，分别明确地将龙井生产和田园风光列入了保护对象，并通过古代诗词的解读，说明这些对象是如何与审美发生联系的。其余部分风景名胜区或多或少提及这一类保护对象，但总体而言是远远不足的（表 5-9）。

"生计与精神的相互渗透"层面保护对象差距分析   表 5-9

整体价值保护对象	大类中类小类（5项）	驱动类		过程类	结果类	
		生计部分认知特征	主体精神观念	主体生产生活过程	功能性与精神性相结合的实践结果	
					生计与精神的融合关系	实体要素
1	西湖	●	○	●	○	●
2	普陀山	⊗	⊗	⊗	⊗	⊗
3	冠豸山	⊗	⊗	⊗	⊗	⊗
4	鼓山	⊗	○	⊗	⊗	⊗
5	楠溪江	●	●	○	●	●
6	崂山	⊗	⊗	⊗	⊗	○
7	武夷山	⊗	○	⊗	○	●
8	桂林漓江	○	⊗	⊗	○	●
9	青城山都江堰	⊗	⊗	⊗	⊗	⊗
10	大理	○	○	○	○	◔
11	青海湖	⊗	⊗	○	⊗	⊗
12	四面山	⊗	⊗	⊗	⊗	⊗
13	普者黑	⊗	○	⊗	⊗	⊗
14	腾冲地热火山	⊗	⊗	⊗	⊗	⊗
15	九寨沟	○	●	●	○	○
16	白龙湖	⊗	⊗	⊗	⊗	⊗
17	天山天池	⊗	⊗	⊗	⊗	⊗
18	华山	⊗	⊗	⊗	⊗	⊗
19	龙门	⊗	⊗	⊗	⊗	⊗
20	方山—长屿硐山	●	○	○	●	⊗
21	岳麓山	⊗	⊗	⊗	⊗	⊗
22	庐山	○	⊗	⊗	⊗	○
23	嵩山	⊗	⊗	⊗	⊗	○
24	五大连池	⊗	⊗	⊗	⊗	⊗
25	龙虎山	◔	⊗	⊗	⊗	⊗
26	三清山	⊗	⊗	⊗	○	◔
27	武陵源	⊗	⊗	⊗	⊗	○
28	衡山	⊗	○	⊗	⊗	⊗
29	黄山	⊗	●	○	○	⊗
30	五台山	⊗	⊗	⊗	⊗	⊗

注：●，规划文件中明确规定且内容比较全面；○，规划文件中有涉及，但笼统模糊；
　　◔，规划文件中有涉及，但内容明显不全；⊗，规划文件中基本没有该类保护对象。

　　在自然与精神的升华结晶这一层面，30 处风景名胜区规划中涉及的保护对象分析如表 5-10 所示。总体而言，对于第四层面整体性所对应的保护对象的关注强于第二、三层面，所有风景名胜区或多或少均涉及这一层面的保护对象。从总体保护对象类型上看，过程类保护对象缺失最为严重。从各类保护对象来看，对于驱动因素类保护对象，其中对于自然的感知特征主要关注的是视觉方面，其次是声觉，对于嗅觉、味觉和触觉方面关注较少。对于视觉的关注是值得肯定的，目前对于色彩、形态等的分析尤其多。但不足之处在于，很少有将这些特征与人的体验结合在一起。华山的资源描述方式给予了一些启发，如"面向周围喝形山景的观赏环境""面向华山主峰的观赏视廊"，这些都将资源特征与人的体验结合在了一起。对于主体的精神观念，部分风景名胜区在风景名胜区资源特征评价中明确提及了该类保护对象。对于过程类保护对象，只有 3 处风景名胜区有明确将一定的体验过程和方式纳入风景资源特征评价，更多的风景名胜区在罗列了景源之后，并没有从体验的角度，去研究风景名胜区历史上留下了怎么样的体验方式和序列。对于这些体验方式和序列的保护意味着至少要提供机会使得这样的体验方式是可能的，尽可能不受干扰的，如五台山僧人的朝台行为。对于结果类保护对象，绝大多数风景名胜区已经明确将建筑、遗址遗迹、碑刻石刻等实体要素列入了保护对象，但是对于一处风景名胜区，经过体验之后，仅有 5 处风景名胜区梳理了历史诗文，并明确指出希望游客感受到何种意境，绝大多数风景名胜区仅简单提及该风景名胜区反映了人与自然高度融合的境界。这当中还有一个问题是，对于不少风景名胜区，尽管涉及了不少保护对象，但是真正将其从驱动因素、过程、结果的角度串联起来的不多，三清山风景名胜区是一个比较好的例子。三清山风景名胜区总体规划中提到，道家宇宙观和理念影响了三清山道教建筑的总体格局和环境设计。如道教的"有无相生"思想下设计的众妙千步门。"其妙处不在于山门本身，而在于建筑与环境设计中运用了《周易》中'俯、仰、远、近'等立体空间组合，和'难、易、有、无、藏、露、虚、实、曲、直'之法，把峰、石、云、松、门、泉、路等景物自然而巧妙地组合在一个景点里，使人移步换景，从不同角度领略它的'众妙'所在，同时亲身体会，还可悟得难易相依，有无相依，绝处逢生的道教三妙境界。"这一段话中描述了一个人与自然精神关系深化的完整过程，涉及从自然景物特征到道家的精神观念再到人的体验过程最后到所达到的三妙境界以及因为这些观念和行为所产生的建筑实践结果。对于这一完整过程的保护，更有利于延续每一处风景名胜区独特的自然文化过程。

"自然与精神的升华结晶"层面保护对象差距分析　　　　　　　　　　表 5-10

整体价值保护对象	大类	驱动类						过程类	结果类	
	中类	自然客体部分感知特征					主体精神观念	主体体验过程	精神性为主的实践结果	
	小类（9项）	视景	声景	嗅景	味景	触景			精神意境	实体要素
1	西湖	●	○	⊗	○	○	○	●	○	●
2	普陀山	○	⊗	⊗	⊗	⊗	○	⊗	○	●
3	冠豸山	●	○	⊗	⊗	⊗	●	⊗	●	○
4	鼓山	●	⊗	⊗	⊗	⊗	⊗	⊗	●	●
5	楠溪江	●	⊗	⊗	○	⊗	○	⊗	○	●
6	崂山	●	⊗	⊗	⊗	○	⊗	⊗	⊗	●
7	武夷山	●	⊗	⊗	⊗	●	⊗	○	⊗	●
8	桂林漓江	●	○	○	⊗	○	⊗	⊗	○	●
9	青城山都江堰	●	○	⊗	⊗	⊗	○	⊗	○	●
10	大理	●	○	○	○	○	⊗	○	○	●
11	青海湖	●	○	⊗	⊗	⊗	●	○	⊗	⊘
12	四面山	●	○	⊗	⊗	○	⊗	⊗	⊗	●
13	丘北普者黑	●	○	⊗	⊗	⊗	⊗	⊗	⊗	⊗
14	腾冲地热火山	●	⊗	⊗	●	⊗	⊗	○	⊗	●
15	九寨沟	●	○	⊗	⊗	⊗	⊗	⊗	⊗	●
16	白龙湖	●	○	⊗	⊗	⊗	⊗	⊗	⊗	⊗
17	天山天池	●	●	⊗	⊗	○	⊗	⊗	●	●
18	华山	●	○	⊗	⊗	○	⊗	○	●	●
19	龙门	●	●	⊗	●	●	●	⊗	●	●
20	方山—长屿硐山	●	○	⊗	⊗	⊗	⊗	⊗	⊗	●
21	岳麓山	●	⊗	⊗	⊗	⊗	⊗	⊗	⊗	●
22	庐山	●	●	⊗	⊗	○	●	●	●	●
23	嵩山	●	⊗	○	⊗	⊗	⊗	⊗	⊗	●
24	五大连池	○	⊗	⊗	⊗	⊗	⊗	⊗	⊗	⊗
25	龙虎山	●	⊗	⊗	⊗	⊗	●	⊗	○	●
26	三清山	●	⊗	⊗	⊗	⊗	⊗	●	⊗	●
27	武陵源	●	⊗	⊗	⊗	⊗	●	⊗	⊗	●
28	衡山	●	⊗	⊗	⊗	⊗	⊗	⊗	⊗	●
29	黄山	●	●	●	⊗	⊗	⊗	●	●	●
30	五台山	●	⊗	⊗	⊗	⊗	○	⊗	●	●

注：●，规划文件中明确规定且内容比较全面；○，规划文件中有涉及，但笼统模糊；
　　⊘，规划文件中有涉及，但内容明显不全；⊗，规划文件中基本没有该类保护对象。

从总体保护对象类型上看，缺失比例最高的是过程类保护对象，其次是驱动因素类保护对象，最后是结果类保护对象，这说明，目前风景名胜区对于各种自然和文化过程的保护是最为缺乏的。从风景名胜区 4 个层面整体性分别来看，目前缺失比例最高的是自然与生计的相互制约以及生计与精神的相互渗透这两个层面，其次是自然要素间的相互联系，最后是自然与精神的升华结晶这一层面。总体来说，风景名胜区目前的保护对象是偏重结果和单一层面的，需要从结果拓展到过程和驱动因素，从单一层面拓展到多层面。

5.2.1.2　保护措施分析

风景名胜区整体价值保护措施主要是通过对"制"的调整，即"调制"。包括保障驱动因素持续作用的机制、保障过程发生的机制和保障结果存在的机制，而不希望直接对结果进行过度干预。这里归纳梳理了 30 处风景名胜区保护培育规划中涉及的"调制"类保护措施。首先，简单归纳一下风景名胜区目前保护培育措施的主要类型，主要包括 5 大类，分别是目标类措施，即措施的实质内容是制定了某个目标；划区类措施，即对某一对象周边划定一定范围进行特殊保护；原则性措施，即提出保护工程建设和利用活动规限的原则；禁止或控制类措施，即禁止或控制某些人类活动、建设类型和土地利用；恢复类措施，即提出对某些保护对象进行恢复。其中，涉及了"调制"的措施主要为原则性措施、禁止／控制类措施和恢复类措施。如表 5-11 所示，三分之二的风景名胜区都或多或少提及了"调制"类的保护措施，内容主要涉及对地质地貌过程、自然水文量、水质、森林、文物古迹的保护。如武陵源风景名胜区明确提出"保护周围正在继续发生侵蚀崩塌形成新峰林的沟谷，禁止任何破坏峰林和形成峰林的自然过程的建设行为"。桂林漓江风景名胜区也提出"保护岩溶发育的条件"，崂山风景名胜区提出"对自然崩塌的岩石，维持原貌，不作人工干预，以及保护山涧泉水溪流，严禁在再建水库、山塘，不得截流和灌取山泉，以保持溪涧的水源。"天山天池风景名胜区提出"分析湖泊淤积的自然速率，然后人工适度调控"。此外，封山育林、控制外来物种入侵已经是风景名胜区生物多样性保护的主要措施，流域污染治理也已经是风景名胜区水体水质保护的主要措施。尽管有上述例子，但总体而言，对于"调制"这一思想的体现是局部的，未上升到风景名胜区自然人文系统保护的层面。此外，一些风景名胜区存在对结果的过度直接干预，如有风景名胜区提出要"保护和发展野生动物，采取积极措施促进

动物繁衍生息"。这一类措施所反映出的保护理念与风景名胜区整体价值保
护相违背。

30 处风景名胜区保护培育规划中的调制类保护措施一览表　　　表 5-11

编号	名称	有无调制类措施	措施主要内容
1	西湖	有	景区内居民和单位大量抽取溪泉水用作生活生产用水，甚至进行商业交易，致使泉涸溪干。因此要控制居民私自大量抽取溪泉水，保护水文过程
2	普陀山	基本没有	无
3	冠豸山	基本没有	无
4	鼓山	基本没有	无
5	楠溪江	有	保护地方文化和信仰，尽量不受外来文化影响
6	崂山	有	保护自然过程，对自然崩塌的岩石，维持原貌，不作人工干预。保护山涧的泉水溪流，严禁再建水库、山塘，不得截流和灌取山泉向外运送销售，以保持溪涧的水源
7	武夷山	有	通过上游植被保护，保护九曲溪水质
8	桂林漓江	有	控制水污染；保障岩溶发育条件
9	青城山都江堰	基本没有	无
10	大理	有	封山育林；并通过调整生物的生长环境，促进植物生长
11	青海湖	有	保护食物链中的关键种——湟鱼，以保护候鸟；鱼鸟共生生态系统
12	四面山	有	封山育林
13	普者黑	有	封山育林
14	腾冲地热火山	基本没有	无
15	九寨沟	有	禁止外来物种，保护本地生物演替尽可能少的受到影响
16	白龙湖	有	通过河流流域综合治理，保证湖泊水质
17	天山天池	有	分析淤积的自然速率，然后通过上游封山育林等调控淤积速度
18	华山	基本没有	无
19	龙门	基本没有	无
20	方山—长屿硐山	有	封山育林
21	岳麓山	有	通过水污染控制和水系保护，保护鱼类洄游、繁殖、产卵通道；通过食物来源设计，保护鸟类
22	庐山	有	控制外来物种；水域保护

编号	名称	有无调制类措施	措施主要内容
23	嵩山	有	控制水污染
24	五大连池	基本没有	无
25	龙虎山	基本没有	无
26	三清山	基本没有	无
27	武陵源	有	保护周围正在继续发生侵蚀崩塌形成新峰林的沟谷，禁止任何破坏峰林和形成峰林的自然过程的建设行为
28	衡山	有	控制外来物种；保护水域
29	黄山	有	调整植物的生长环境；调整社区和风景名胜区关系
30	五台山	有	通过延缓风化速度，保护文物古迹

5.2.2　实地调研中发现存在的若干割裂现象

以泰山、九寨沟、五台山 3 处风景名胜区为例，通过实地调研，识别整体价值保护对象的保护存在的不足。这里将存在的问题归纳为空间割裂、过程割裂和结构割裂 3 大类。空间割裂是指要素与更大范围的同一要素联系的割裂，本质上是一种过度强调"区化"的认识、规划和管理方式导致的。过程割裂是指同一空间范围内要素自身动态过程的割裂，本质上是一种过度强调"固化"的认识、规划和管理方式导致的。结构割裂是指系统内不同要素间联系的割裂，本质上是一种过度强调"分化"的认识、规划和管理方式导致的。

首先，在"自然要素间的相互联系"保护层面。空间割裂的现象主要有生物廊道的截断、河流廊道的截断。造成空间割裂的主要因素是道路、大坝等设施的建设。过程割裂除了由于廊道割裂受到影响之外，主要还有泥石流等自然地质过程、自然火过程被过度抑制，水文过程和自然生物过程受到过度干扰，造成过程割裂的主要因素是过度干预的保护措施，如尽可能全部堵住泥石流通道、河床边坡和下垫面硬化①等；过度取水、不当人工放生等人类活动。结构割裂现象主要由于过程割裂导致的连锁反应，例如泰山风景名胜区由于松鼠的入侵，本地松树被大面积啃食，进而影响了本地野生动物的生存。

其次，在"自然与生计的相互制约"保护层面。空间割裂的现象主要有

① 例如五台山的清水河两侧不少河段已经完全硬化。

村落的搬迁、拆除，村落或城镇建设的无序扩张。过程割裂的现象主要有传统生产生活方式的割裂，造成改变的主要原因有外来文化入侵、自然适居和适产特征发生改变。结构割裂主要是由于上述两方面原因，最终导致自然与生计之间关系割裂，如泰山风景名胜区脚下的泰安城建设，未能延续泰安古城与泰山的关系，占用了泰前大断裂带，改变了泰山与古城的结构关系。

再者，在"生计与精神的相互渗透"保护层面。空间割裂的主要现象有承载了审美、信仰等文化的生产生活因素的破坏。造成空间割裂的主要原因是不当的设施建设和人类活动，如九寨沟风景名胜区道路建设对树正寨祭祀点的侵占，不当建设导致泰山风景名胜区寺、泉、村格局中泉眼的大量消失。过程割裂的现象主要有传统生产生活方式的割裂，造成这种割裂的主要原因是外来文化的干扰。

最后，在"自然与精神的升华结晶"保护层面。空间割裂的主要现象有对能引起审美活动的对象的空间侵占，如泰山月观峰、日观峰、东尧观顶和西尧观顶构成的岱顶中，月观峰由于索道建设被侵占。再如环山路的建设削弱泰山的雄壮感，"望祭"视廊受到高层建筑阻挡等。过程割裂的主要现象有对体验过程和历史文化过程的割裂，比如索道快速旅游方式替代了原本的体验的序列；岱顶宾馆商业氛围过重，影响岱顶"天境"体验的氛围。又如，玉泉寺大雄宝殿在缺乏充足历史依据的情况下，采用宋代建筑样式，割裂了玉泉寺的历史文化过程。结构割裂方面目前识别到的现象较少。

归纳上述种种割裂现象，可以发现共通的根源都是要素化的认知、保护、规划和管理方式所造成的（表5-12）。

造成割裂现象的要素化管理观念　　　　表5-12

	结构割裂	空间割裂	过程割裂
认知	认为要素和要素不是互相联系的	认为只用管好一个地块内的就可以，不考虑和外界的联系	认为某一个时期的某一个状态就一定是好的，不接受变化和动态
保护	强调单要素的保护	强调某局部边界内的保护	强调以一个时期状态的目标的保护
规划	描述要素状态，制定政策	只关注边界内，制定政策	拆除其他所有影响要素，只保留一个时期
管理	要素分部门管理，不强调沟通	不强调与其他外部部门和社区的沟通	不接受适应性的管理方式

5.3　现状差距根源认识

5.3.1　要素化保护管理观念将桎梏多久？

要素化保护管理是指将风景名胜区拆分成地质、岩石、土壤、水、植物、生物、建筑、非物质文化等自然或人文要素，并分别对各个要素进行保护和管理，甚至将某一类要素按其不同属性以及人的不同需求进一步拆分并分别管理，如将水资源拆分为水质、地下水、水利资源等各方面分别保护和管理。这曾经是国外遗产保护比较普遍的思维模式，例如，濒危物种保护领域的"基于物种（Species-based）"的保护，水资源保护中的"状态化保护（Static Conservation）"等。尽管用词各不相同，但共同之处在于将保护对象看作是单个的要素来分别进行保护。本质上是一种"还原化的保护"（Redutionist Conservation）。数十年来，国际上保护理念已经逐渐走向对过程、系统、整体的保护，在我国自然保护区、文化遗产保护领域也有此趋势[①]。

在风景名胜区，要素化地保护管理观念始终占据有主导地位。这种观念的形成有一定的历史必然。因为在最初成立风景名胜区制度时，对风景名胜区资源的认识还是比较笼统和模糊的。要素化保护管理方式对于制度建立初期来说较为简单、易操作，并且能够在某些方面快速发挥作用。例如，在泰山风景名胜区，为了提供消防用水，修建了大量的水库和塘坝，但是这种做法却破坏了自然水文过程。导致这种现象发生的根源正是基于单目的、单要素的管理措施，而不是基于整体的；价值认知的重点也在于保护某些对象，而不是保护整体。

如果不进行改变，将会带来人工化、内在精神丧失等问题，还会导致风景名胜区管理内耗和低效，还会导致风景名胜区管理内耗和低效，出现某些保护对象受多部门交叉管理，另一些保护对象却无人负责的情况，总体保护效果大打折扣。甚至导致风景名胜区整体价值的瓦解，步上日本一些国家公园的后尘。在日本国家公园，单个建筑、博物馆设计得挺好，但整个国家公园却乱了。最终，可能导致风景名胜区自然人文系统活力的丧失。

综上，本书提出要改变这一观念应当从上层的法律法规和技术规范层面

① 详见本书第 2 章 2.4 至 2.5 节。

进行调整，以对实际保护管理观念的转变起到引导作用。我们应当重新思考现行的风景名胜区保护管理目标与基本原则、规划内容、保护对象，弱化要素化保护管理方式。

5.3.2 被忽略的"对象"谁会主动关心

目前风景名胜区主要忽视的保护对象有驱动类和过程类的保护对象。例如典型景观形成所需的自然条件，指导地方生计的主体信仰观念，主体自然相关精神观念，水文过程、土壤演变、地质崩积作用和泥石流作用等非生物过程，生物迁徙行为、特有植物形成过程等生物过程，传统生产生活活动，主体体验过程等。

在实际中，很难做到从一开始风景名胜区管理部门的职责范围就能够涵盖所有需要保护的对象。随着人们认识的提高，往往会识别出更多的保护对象。因此，如果在制度设计上不能够促进管理部门去主动关心这些以往被忽略的保护对象，反而鼓励他们各自抱残守缺，那么就极有可能导致这些保护对象被永久忽略。就目前总体的规划管理能力来看，即使学者从研究层面提出了更多的保护对象，也很难落实到实际的保护管理层面。这说明，风景名胜区管理没有形成一种会促进管理者主动关心被忽略"对象"的机制。因为这些以往被忽略"对象"的加入可能会拉低目前部门在某方面已经达到的保护效果。譬如，有哪个部门会主动去关心自然泥石流通道的监测和保护，会认为有控制的自然泥石流的发生是管理的成绩之一。在这样的制度下，所谓的风景名胜区整体价值保护将很难实现。

这里并非对国内风景名胜区进行全盘否定，也有一些比较好的例子。研究尝试从这些成功案例中，寻找解决的思路。例如，九寨沟风景名胜区设置了科研处。以科研处带头的保护管理模式是有一定优势的。其比较灵活，没有局限于某一方面的研究。随着认识的不断提高，其研究范围也在不断拓展，已经逐渐从生态保护拓展到了传统文化保护以及解说教育和展示等。并且，在科研处的带动下，九寨沟风景名胜区还在扎如沟尝试由专业人员带领的针对小众的生态游，吸纳了从当地走出去的大学生返乡就业，并积极与国际组织合作。九寨沟风景名胜区科研处的职责就是对九寨沟各方面资源的认识。因此，当发现以往忽略的某些对象时（比如传统文化），更有可能受到科研处的关注，并开始研究保护对策。

综上，本书提出各风景名胜区管理机构应当建立由生态、地质、文化遗产等各领域专业技术人员组成的综合性的科研部门，并明确该科研部门与其他部门间的合作机制。由科研部门专门负责对风景名胜区资源的全面认识。科研部门还可以与国内外专家和科研机构交流和对接，并吸纳有志于保护的当地和外来人士。以往被忽略的"保护对象"应当由科研部门来主动关心，并将"发现新的保护对象、促进对风景名胜区资源的全面认识"等纳入科研部门绩效考核的内容。

5.3.3　谁愿意主动付出，让他人受益

在风景名胜区整体价值保护中时常存在这样的现象，即对于某一对象的保护和管理的结果是在另一对象上产生效果。举个最简单的例子就是自然水文过程的保护，往往是上游付出更多，下游受益更多。一旦协调不佳，便会出现争水的局面。再如，对于水文、气候等岩溶地貌发育条件的监测和良好保护，才能使得岩溶地貌能够持续发育，而并不一定需要直接去对岩溶地貌进行干预。事实上，在管理上同样很难保证风景名胜区整体性的驱动因素、过程、结果都归一个部门管理。那么很有可能是某些管理部门需要付出，而受益的是其他的部门或其他的群体。因此，在制度设计上促进相互之间的合作、权益责的平衡是十分重要的。目前，风景名胜区管理制度设计在这一方面的考虑还比较少。因而，很多时候为了快速达到效果，往往采取在自己部门职责范围内直接干预结果的方式，甚至不惜牺牲其他保护对象。

本书提出应当完善风景名胜区相关法律法规，规定由直接受益群体或者受益部门对"给予付出"的部门提供一定的经济、技术、人力或物质补偿。

5.3.4　整体保护效果是谁的"绩效"

以泰山风景名胜区的自然水文过程保护为例。泰山的水景有着独特的人文色彩，同时又为野生螭霖鱼提供了生境。但是目前水质归环保部门管理，水利归农林部门管理，而地下水尚没有明确的管理部门。在这样的情况下，如果总体的自然水文过程得到保护，究竟是哪个部门的绩效？或有哪个部门愿意从总体的自然水文过程保护出发，来对水进行管理？或总体的自然水文过程受到破坏，会是哪个部门的责任？答案是显而易见的，目前整体保护

效果不是任何部门的"绩效"。这种情况下，泰山修建了18座水库，并且规划新修11座，总体的自然水文过程已经破坏严重，但其保护仍然未得到重视。

本书提出对风景名胜区相关法律法规进行调整，建立整体保护效果监测评估制度，由国家对各个风景名胜区的整体保护效果进行评估，并将其作为风景名胜区管理机构的绩效考核内容。通过在法律法规层面的调整，让风景名胜区的整体性、整体价值在管理中成为一个有实际意义的概念。

5.4 保护策略思考与建议

5.4.1 对修改《风景名胜区条例》的几点思考

基于风景名胜区整体价值概念及其识别、保护框架，对《风景名胜区条例》（以下简称《条例》）提出7条修改的思考和建议。

（1）完善风景名胜区定义和设立标准，突出整体性特质

《条例》中第2条关于风景名胜区的定义为"具有观赏、文化或者科学价值，自然景观、人文景观比较集中，环境优美，可供人们游览或者进行科学、文化活动的区域"，修改为"在人与自然长期共同作用并且精神联系不断深化过程中形成的，具有审美、精神和／或科学价值，自然与人文景观比较集中且高度融合，环境优美，可供人们进行审美、科学、精神活动的区域"。目前风景名胜区的定义并不能准确反映我国风景名胜区自然与文化高度交融这一特点。

《条例》中第8条关于国家级风景名胜区的入选标准为"自然景观和人文景观能够反映重要自然变化过程和重大历史文化发展过程，基本处于自然状态或者保持历史原貌，具有国家代表性的，可以申请设立国家级风景名胜区"。从这段描述中可见，标准是"自然景观""人文景观"两套逻辑的叠加。建议将其修改为"自然景观和人文景观共同能够反映出人与自然长期的共同作用以及精神联系不断深化过程，并且自然人文系统基本完整，具有国家代表性的，可以申请设立国家级风景名胜区"。

（2）调整风景名胜区保护管理的基本原则，突出"整体保护"

建议将《条例》中第 3 条"国家对风景名胜区实行科学规划、统一管理、严格保护、永续利用的原则"修改为"国家对风景名胜区实行科学规划、统一管理、整体保护、永续利用的原则"。"严格"只是反映的是保护的程度，而非保护的方式。并且我国风景名胜区自然程度差异较大，很难实行统一的"严格保护"，而整体保护更能体现出我国风景名胜区的资源特点。

（3）明确风景名胜区保护管理的目的，纳入整体价值概念

建议在总则中增加关于风景名胜区保护管理目的的条目，条目内容为"风景名胜区保护管理的首要目的是为了保护、传承和提升风景名胜区的整体价值。整体价值包括自然人文系统的活力、人居智慧的催生等系统价值，和对人们具有人生领悟、美的感悟、精要思想的催生、文化群体和国家认同感等精神价值"，并指出"风景名胜区整体价值具有内在价值，不可被随意改变"。目前，《条例》中指出风景名胜区保护管理的目的是"有效保护和合理利用"，但这一类描述几乎适合于所有类型的保护地，没有特别针对风景名胜区的资源特质。

（4）调整风景名胜区总体规划内容，增加整体性研究与整体价值识别

将《条例》第 13 条"风景名胜区总体规划内容"中，第一步将"（一）风景资源评价"修改为"整体性研究与价值识别"。在用语上，"资源评价"一词侧重评价结果以及价值高低。相较而言，"价值识别"注重对已有的特质的发掘和认识。"风景资源"等同于"景源"，而目前对景源的理解基本是要素化的一个个景源点。将其修改为"整体性研究"，希望能重视对风景名胜区自然人文系统中各要素间联系的认识，以及对人与自然精神性联系的认识。

（5）扩展保护对象，强调从保护"要素"到保护"整体性构成的所有对象"

《条例》中目前尚未明确使用保护对象一词。《条例》第 4 章"保护"的第一个条目（全文第 24 条）是与保护对象最为相关的。原文为"风景名胜区内的景观和自然环境，应当……严格保护"，此外"应当保护景物、水体、林草植被、野生动物和各项设施"。基于本书的研究，认为风景名胜区的保护对象不仅是保护景物、植被、水体和野生动物这些分散的对象。因而，建议修改为"风景名胜区的保护对象应当是其自然人文系统整体性构成的所有对象，包括自然系统内的各种自然要素、自然过程及相互间联系，人文系统内的各种人文要素、人文过程及相互间联系以及自然系统与人文系统之间的功能性和精神性的联系及其演进过程"。

（6）保护措施总体原则强调以"机制保障和调控"为主

目前，《条例》第4章"保护"中主要是对部分建设活动、游客行为、游乐活动的限制，尚未制定保护措施的总体原则。因为，对于过量放生人为养殖野生动物等行为，依据目前的条例，这样的行为是不置可否的。这种行为可以被理解为是保护野生动物的目的，但方式不当。因此，建议在《条例》全文第24条之下，描述完保护对象之后，新增一条，内容为"风景名胜区整体性和整体价值的保护应当以各种自然、文化的机制的保障和必要时的调控为主"，而不是以直接干预保护对象为主，以使风景名胜区自然人文系统的自身活力得以保持。

（7）新增保护管理机构部门设置原则，提出建立整体保护效果监测评估制度

目前，《条例》第5章"利用和管理"中有若干关于管理机构的条目。但尚未明确管理机构设置的原则。建议增加"各风景名胜区管理机构及其下设部门的设置应当有利于风景名胜区的整体保护，应当保证所有保护对象均有相应的责任管理机构；建立由生态、文化遗产等各领域专业技术人员组成的综合性科研部门，明确该科研部门与其他部门间的合作机制"。并规定，"通过在对某一对象的保护中直接受益的群体或者部门，有义务向保护对象的责任保护机构提供技术、经济、物质或人力的支持"。这一机构设置方式是为了满足整体性保护目标对管理科学性提出的高要求。

此外，规划、实施、监测是保护管理的3大重要环节。对于强调整体性的风景名胜区价值识别与保护而言，监测更为重要。目前，《条例》中关于监测评估的内容有两条，第31条规定"国家建立风景名胜区管理信息系统，对风景名胜区规划实施和资源保护情况进行动态监测"，第35条规定"国务院建设主管部门应当对国家级风景名胜区的规划实施情况、资源保护状况进行综合的监督检查和评估。"

借鉴国际上保护监测的先进经验，首先，完整的监测指标包括资源的"压力—状态—响应"3个方面；其次，监测评估对于专业知识和技能要求十分高，需要由专业人士进行。因而，建议修改为"国家建立风景名胜区监测管理信息系统和保护绩效评估制度，对风景名胜区整体价值保护状态、面临的压力和挑战以及规划措施的实施进度和效果三方面进行动态监测；并在国家层面建立科学委员会制度，国务院建设主管部门委托科学委员会对国家级风景名胜区的资源保护状况、面临的压力和挑战状况、规划实施情况进行评估并公示"。

5.4.2　风景名胜区总体规划过程和内容的优化思考与建议

风景名胜区整体包括系统（"形"）与精神（"神"）两个方面。基于这一认识，共提出 5 点建议。（1）~（3）是对资源评价过程和保护方式的改进建议，（4）（5）为对分区及其他专项规划产生的影响。

（1）在资源调查和分析阶段嵌入"整体性研究"的内容

前文已探讨整体价值识别程序与现有风景名胜区资源调查与评价体系的对应关系，整体价值识别是以整体性研究为出发点的。建议规划时应在"基础资料与现状分析"与"风景资源评价"之间，增加"整体性研究"一节。

"整体性研究"的思路和方法相较于现有的以分项介绍为主的风景区基础资料汇编和景源清单，可以识别更多风景区要素之间的联系，有助于进一步识别和保护价值。整体性研究的目的是为了全面地认识风景名胜区自然人文系统中要素间所有可能的联系，并且解析在各处风景名胜区，人与自然的精神关系是如何深化并赋予风景名胜区内在精神的，尤其是哪些自然特性，结合何种体验方式，触发了怎样的情感、观念和思想。

（2）重视"整体价值分析与陈述"

现有风景资源评价中，景源调查与评价关注面较窄，过于关注景源本身，缺乏对要素间关系、体验过程、精神价值等更多风景名胜区的特殊之处的关注。并且，目前理解的景源概念往往陷入对点状景源的细分、筛选和评级，这种方式的分析事实上很难得到综合风景资源特征评价，也无法反映风景名胜区自然系统的人工化（系统的活力丧失）、精神价值的跌落等资源变化情况。研究认为，应当将风景名胜区保护的基础概念从"景源"扩展到整体价值，成为新的风景名胜区保护管理的基石。整体价值重视根源性的系统活力和精神意义，而非只是结果性的景源要素价值。并且整体价值的识别包含对风景资源特性的分析（在第四个层面整体性中），还包含对自然系统、生计、精神等方面因素的分析，更适合用于认识风景名胜区的价值，并反映出资源变化。整体价值陈述将有助于风景名胜区性质研究的描述。

（3）"保护培育规划"中增加驱动因素和过程类保护对象及相应的机制调控类措施

整体价值保护对象主要扩展了对驱动因素和过程的保护，整体价值保护措施主要扩展了对驱动因素和过程的机制的保护。规划时应注意"整体价值保护对象可包括驱动、过程、结果三大类要素"，尤其强调"保护构成风景名胜区自然人文系统及其演进的所有成分和过程，不仅自然人文系统的所有组成部分被看作是重要的，自然和文化互动及其演进过程也被看作是不可缺少的部分。应同时保护其形成和演进所需要的自然特征、观念等驱动因素，生产生活过程、体验过程等过程类保护对象"。在"保护培育规划"中加强机制调控类和引导性的规划措施，以保护这些自然人文系统及其演进的所有成分和过程处于良好状态，避免将自然系统与人文系统割裂。记录并尊重自然的文化变迁，防止文化涵化，同时避免进行不必要的资源恢复活动。

（4）"风景游赏规划"中增加对传统体验线路、方式的关注

整体价值概念中十分强调精神价值，研究认为风景名胜区是存在内在精神的，并且这种内在精神是在对某些自然特性的体验感悟中形成的。内在精神的再感知和延续也同样依赖于这些传统的体验线路和方式。例如，在武夷山风景名胜区，沿着九曲溪逆流而上的行舟览景与进道秩序之间有着千丝万缕的联系。研究并不完全排斥新型体验方式的出现，但认为，对于列入保护对象的体验过程，应保障风景名胜区至少可以提供这样的体验机会。并且，研究也认为，对于某些新的体验方式，应当试图建立起体验方式与情感之间的联系。因此，在规划时，应对每一处风景名胜区的核心体验类型进行识别，并应提供体现风景名胜区内在精神的体验线路和方式，严格保护体验感悟所需的氛围。这些传统的体验线路、方式应当首先反映具有国家突出性的值得颂扬的整体价值。

（5）居民社会调控规划中增加对传统生计的保护

本书中，整体性研究涉及自然与生计的相互制约、生计与精神的相互渗透关系的分析，整体价值概念认可了自然人文系统的活力以及当地的人居智慧等。研究发现，对于大多数的风景名胜区，其整体性、整体价值以及一般我们所看重的突出价值的形成都十分依赖当地人的贡献。因此，有必要在进行居民社会调控规划之前，明确哪些内容应当被保护起来，不能被规划师、管理者随意干预。因此，规划要加强对传统生计与文化的保护、传承和展

示。这些对象通常包括整体性与整体价值分析中识别出的有价值的传统生产
生活方式、村落选址、格局、建造方式等。居民社会调控过程中，应当避免
由于外来保护力量的介入，将这些因素与自然系统割裂，使其从和谐关系变
成对立关系。应当保障这些价值不被损失，甚至考虑通过谨慎的机制调控，
促进其延续和发展。

Chapter Six 　　第 6 章 ——— 武夷山风景名胜区案例应用

6.1　武夷山风景名胜区案例概况

所谓"知行合一重在行"，本章以武夷山风景名胜区为例，尝试系统实践风景名胜区整体价值识别与保护理论。选取武夷山风景名胜区作为完整的实践案例的主要原因有二：第一，武夷山风景名胜区资源类型丰富，这一案例实践具有推广意义；第二，作者构建整体价值识别理论框架之初，基本没有接触到武夷山风景名胜区。整体价值识别理论框架在武夷山风景名胜区的实践是一次新的尝试，有助于对初步构建的理论进行检验、补充和修正。在武夷山案例应用中，主要尝试了基于古诗、地方志等文献解读的整体性研究方法，得到武夷山风景名胜区整体性的描述以及整体价值陈述；并分析识别整体价值与武夷山世界遗产突出普遍价值之间的区别；进而扩展了保护对象，提出了对现状分区、保护措施和游赏利用方式等方面的调整建议。

武夷山风景名胜区位于福建省武夷山市南部、武夷山脉北段的东侧。该区发育着与周边武夷山脉完全不同的丹霞地貌。1982 年，被批准成为我国首批国家级风景名胜区之一。武夷山风景名胜区面积仅 70km²，主要包括九曲溪以及两岸的丹霞地貌区域。武夷山周边自然生态环境良好，武夷山脉长达千余里，是闽赣两省的天然边界。主峰为拥有"华东屋脊"之称的黄冈山，海拔 2158m，被划入武夷山自然保护区。1999 年，武夷山风景名胜区、武夷山自然保护区、闽越王城遗址一起，因符合世界评定标准 iii、vi、vii、x[①]，成为世界自然与文化混合遗产。

武夷山风景名胜区是我国丹霞地貌分布最广的东南集中分布区的重要组成部分。分布着从壮年早期、壮年晚期到老年期的不同发育程度的丹霞地貌（图 6-1）。这一丹霞地貌分布区虽然面积小，但发育阶段跨度仅次于 6 处中国丹霞系列世界遗产中的崀山。武夷山风景名胜区内全为壮年早期丹霞地貌。壮年早期的丹霞以大气磅礴、起伏剧烈的峰林（主要位于近河谷地带）和峰丛（主要位于远河谷地带）为主。武夷山风景名胜区北侧还分布有壮年晚期和老年期的丹霞地貌，老年期丹霞地貌地形高差相对较小，起伏舒缓，山块离散（图 6-2～图 6-4）。

① 这四条标准分别为某一文化传统或文明的见证价值、与重要事件或信仰或艺术作品的联系价值、自然美景价值、生物多样性价值。世界遗产标准详见第 2 章表 2-1。

图 6-1　武夷山风景名胜区丹霞地貌分布图

（图片来源：改绘自《武夷山丹霞地貌》）

图 6-2　武夷山风景名胜区内的壮年早期、壮年晚期、老年期丹霞地貌
（图片来源：引自《武夷山丹霞地貌》）

图 6-3 武夷山风景名胜区北侧的壮年晚期丹霞地貌
（图片来源：引自《武夷山丹霞地貌》）

图 6-4 武夷山风景名胜区北侧的老年期
丹霞地貌
（图片来源：引自《武夷山丹霞地貌》）

武夷山风景名胜区是一处以奇秀深幽为特征的巧而精的天然山水园林。有"奇秀甲于东南""碧水丹山之美闻名于天下"等美称。九曲溪水萦回于丹崖奇峰、峡谷深壑之间。溪长7.5km，河床宽度20～100m，但河流的曲率半径有300m左右，可见其水流萦回多折，正所谓"三三秀水（九曲溪）清如玉"；加之两岸的丹崖奇峰相对高差有100～300m，所以有"六六奇峰翠插天"之说，游者行舟其中，移船换景，如在画中游。

武夷山的丹霞美景很早便受到古越族文化的崇拜，天地山川崇拜是闽越原始崇拜的重要内容之一。汉武帝祭祀用干鱼祭祀武夷君，这一做法应当与当地越人长期传统的武夷山神崇拜习俗有关，九曲溪小藏峰的"架壑船（船棺）"也是那时候古闽越丧葬文化的遗存。

武夷山是理学名山。我国著名理学家朱熹先后在武夷山从学、著述、讲学，生活50余年。此后历代理学家也常在此办学传道，留学书院遗址有35处之多。这种在名山办书院的方式，对天下名山书院文化的发展产生了很大的影响。武夷山也是道教名山，是道教三十六洞天中第十六洞天"升真元化洞天"。武夷山还有着悠久的佛教文化。早在唐代早期，便有僧人在武夷山风景名胜区范围内创建寺庙石堂寺。在这里，理学、禅、仙家的各种思想相互渗透着，共同造就了武夷山水的灵魂。

武夷山风景名胜区还有着悠久的茶叶种植历史。武夷山风景名胜区内的"三坑两涧"是著名的武夷岩茶生产地，尤其是天心永乐禅寺，其以禅、茶融合的历史著称，僧人种茶的行为延续至今。

6.2 武夷山风景名胜区整体性研究

以下从自然要素间的相互联系、自然与生计的相互制约、生计与精神的相互渗透、自然与精神的升华结晶4个层面对武夷山风景名胜区的整体性进行研究。需要指出的是，尽管是对于武夷山风景名胜区的整体性研究，但空间范围并不局限在风景名胜区边界之内，而是关注武夷丹霞山水及其与九曲溪上游整个区域。

6.2.1　自然要素间的相互联系分析

首先，基于文献调查，对自然要素间的相互联系进行分析，奠定进一步认识武夷丹霞山水文化的基础。目前，关于武夷山丹霞地貌景观特征和形成机制的研究比较多。这里简单概括武夷山丹霞地貌的形成过程，其形成比武夷山脉晚。武夷山脉隆起之初，山脉东麓（也就是今天的武夷山风景名胜区）还是一片湖泊。湖盆周围山地各类岩石风化、侵蚀，碎屑物质被水流带入湖盆一层层沉积，形成沉积岩。沉积岩在炎热的气候条件下，形成了铁氧化之后的红层岩石。新生代构造运动下，湖盆被挤压上升。之后又发生了多次抬升，形成了单斜断块山群。在流水、风等外力雕琢下进一步形成各种千姿百态的山峰怪石。但目前，对武夷山丹霞地貌生态系统和生物多样性的研究很少[①]，给全面分析武夷山风景名胜区各个自然要素之间的联系带来一定的困难。这里，在解读武夷山丹霞地貌生态系统与生物多样性方面，主要参考了福建泰宁、广东丹霞山等中国东南部其他丹霞地区在这一方面研究中发现的特点。综上，将各自然要素间联系整理如表 6-1、表 6-2、图 6-5所示。

武夷山风景名胜区自然要素间的主要联系　　　　　　　　　　　　　表 6-1

	1. 地质	2. 地貌	3. 地表水	4. 地下水	5. 气候	6. 土壤	7. 植物	8. 动物
1. 地质	1-1	2-1						
2. 地貌	1-2	—	3-2		5-2			
3. 地表水		2-3	—					
4. 地下水	1-4			—				
5. 气候		2-5			—			
6. 土壤	1-6	2-6				—		
7. 植物		2-7			5-7	6-7	—	
8. 动物		2-8						—

注：表中编号 N-n 表示 N 对 n 的影响，具体内容在表 6-2 中进一步解释。

[①] 目前关于武夷山生态系统的研究，研究对象多为武夷山自然保护区。在列入世界遗产时，武夷山提名地之所以能够满足第 10 条生物多样性的标准，也是因为提名地中武夷山自然保护区的存在。

武夷山风景名胜区自然要素间主要联系的具体描述　　　　表 6-2

编号	关系描述
1-1	武夷山红层地貌的形成与发展与武夷山脉有着重要的联系。上游为下游提供红色砂砾岩物质来源。因而先有武夷山脉，后有武夷红色砂砾岩山地丘陵
1-2	地质运动使得武夷山脉隆起，武夷山脉海拔在 1000m 以上。 地质运动使得丹霞地貌形成。早第三纪末，黄冈山东南侧由湖盆到单斜丹山；晚第三纪末第四纪初，单斜山断块抬升，遂形成单斜断块山，最高峰三仰峰海拔 718m。红层地貌边界十分明确。 山坡崩塌形成崩塌堆积岩洞
1-4	砾岩含水性好，地下水丰富
1-6	土壤以砂砾岩风化的红壤为主
2-3	九曲溪发源于武夷山脉桐木关附近
2-6	崩塌岩洞内土层深厚肥沃，形成了"万物洞中生"的景致。 丹霞地貌使得土壤类型呈现出垂直分带特点
2-7	丹霞地貌独特的地形使得山顶植被处于不完全隔离的状态，因而在小海拔高差内山顶、沟谷生态系统差异较大。 由于丹霞地貌结构复杂多变等原因，丹霞地貌很有可能在非常时期成为其他地区动植物的避难所，因此珍稀濒危植物特有种属一般较多。 山顶、石壁以干旱的悬崖峭壁旱生性植物群落为主，沟谷以湿生性植物群落为主，还有其他特有群落。 山顶、沟谷生态演替过程不同。山顶多以"苔藓—草本定居—灌木—森林"原生演替过程为主，沟谷和山麓以"草本、木本沼泽—先锋林—常绿落叶阔叶林和针阔混交林—顶级群落常绿阔叶林"次生演替过程为主
2-8	水蚀洞穴、穿洞、壶穴、蜂窝状洞穴、崩塌洞穴、槽状洞等多样的洞穴类型，为各种鸟类、穴居动物提供好的避难环境
3-2	流水带走红层中的可溶性钙，切割塑造地形
5-2	岩石风化塑造地形
5-7	植被以亚热带常绿阔叶林为主
6-7	丹霞地貌独特的红壤土，耕性较差，酸性强，有机质含量低，但金属化合物含量丰富。因土壤贫瘠，有生长一些丹霞地貌的特有物种。另外适宜种茶

资料来源：主要根据雍万里、王冬梅、陈宝明等的研究成果整理。

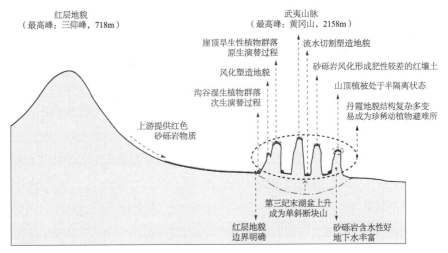

图 6-5　武夷山风景名胜区自然要素间联系剖面示意图
（图片来源：作者自绘）

　　综上，武夷山风景名胜区自然要素间的相互联系主要体现在，它是一个相对独立的地貌单元，其以丹霞地貌为主，与周边武夷山脉有所不同。这一地貌单元内地质、地貌、土壤、气候水文、植物、动物相互之间联系十分紧密，且在小尺度范围内呈现出高度多样化。这种多样化是由于丹霞地貌结构复杂多变，并且所处地理区的气候条件促进了各自然因子的演变和发育。因而，土壤、水文、微气候、植物、动物都在小尺度空间范围内呈现出的极大变化，相互之间的联系也相应不同。例如，上表 6-2 中 "2-7" 一条提到的，丹霞地貌虽然海拔高差不大，但起伏剧烈，使得山顶植被处于不完全隔离的状态，并且水土条件与沟谷地区差异很大。因而山顶以悬崖峭壁旱生性植物群落为主，沟谷以湿生性植物群落为主。并且山顶沟谷演替过程也不同，山顶、石壁多以 "苔藓—草本定居—灌木—森林" 原生演替过程为主，沟谷和山麓以 "草本、木本沼泽—先锋林—常绿落叶阔叶林和针阔混交林—顶级群落常绿阔叶林" 次生演替过程为主。

　　另外，武夷丹霞地貌与其所在的武夷山脉主要有两方面的自然联系。第一，上游的武夷山脉为其提供了红色砂砾岩物质来源。第二，发源于武夷山脉桐木关附近的九曲溪为下游丹霞山水地貌的塑造提供了外力。

　　由于目前关于武夷山风景名胜区植物、动物的研究还不充足，武夷山风景名胜区与周边保护地之间的生物迁徙过程尚不清晰，未来随着研究的开展，将进一步加深对这一层面整体性的理解。

6.2.2　自然与生计的相互制约分析

在了解武夷山风景名胜区各自然要素间联系的基础上，分析当地传统生计（包括住居与生产）与各自然因子之间的关系。这里，生计文化的主体主要是指历代祖居于此的当地村民。分析当地传统生计的研究资料主要是历史上编撰的地方志。地方志是能够反映一定时期地方特色的历史文献。在武夷山，最早从宋开始，刘道元撰写了《武夷山志》。根据董天工所著的《武夷山志》凡例中说明，从宋至董天工撰写武夷山志之前，武夷山志已有14部之多，但现存武夷山志一共只有5部（表6-3）。本文将以成书最晚、内容最全的董天工《武夷山志》为研究资料，通过对《武夷山志》生计相关字词进行检索和解读，来分析生计与自然之间的关系。

首先，研究确定《武夷山志》中生计相关的字词如表6-4所示，主要包括住居、生产两个方面。其中，住居相关的词主要是村、土人、人家3个。生产相关的词数量比较多，有农、渔、耦、耕、牧、樵等。表6-4摘录了《武夷山志》中明显体现生计与自然因子之间联系的内容。

现存武夷山古代方志一览　　　　　　　　　　　　　　　　　　　　　表6-3

时间	作者	方志名称	卷数
明代万历十年	劳堪（徐秋鹗刻本）	《武夷山志》	7卷
明代万历四十七年	徐表然	《武夷山志略》	4卷
明代崇祯十六年	衷仲孺	《武夷山志》	19卷
清代康熙五十七年	王复礼	《武夷九曲志》	16卷
清代道光二十七年	董天工	《武夷山志》	24卷

《武夷山志》中生计相关的字词　　　　　　　　　　　　　　　　　　表6-4

类别	字/词
住居	村、土人、人家
生产	农、渔、耦、耕、牧、樵、炊；禾黍、田、圃、畴、芷、瓜、隰、稻、粟；茶、茗；竹、笋；桑、麻；桃、荔；菌苕、藕；鸡、鸡犬、鹿、鱼、牛、犊

武夷山自然与生计二元关系分析　　　　　　　　　　　　　　　　表 6-5

	地质地貌	土壤	气候	水文	植被	动物
住居	（九曲尽处的曹墩村建于）平川；（山中）人家聚处为小村落	—	—	临水而建；面瀑辟扉	咸傍竹编篱	—
生产	山多杂石，山中人以种茶代耕；（茶）品分岩茶、洲茶（附山为岩，附溪为洲）；岩岩有茶、非岩不茶；顶平旷，无林木，土人艺茶其上，俗呼幛顶茶；（溪尽头平川）禾黍油油万顷田	地载微土，宜茶；临溪土壤肥沃，盛产稻米；山皆纯石，不宜禾黍，遇有寸肤，则种茶茆	—	"茶美，亦此水（通仙井）之力也"（一共提到 13 处泉，有 5 处泉与茶相关）；观后有高田数百陇成村畴，有泉灌田而下，曰胡麻涧	采茗、蒸竹、制楮	竭川谷而渔佃；养蜂

资料来源：摘录自《武夷山志》。

　　综上，武夷山风景名胜区自然与生计的相互制约关系主要体现在：当地传统生计与地质地貌、土壤、水文息息相关，也与动植物有一定关系[1]；并且，当地人利用多样的自然条件，发展出了不同的住居和生产方式。

　　住居方面[2]，主要与地貌相关。在九曲溪中游地区，利用狭小的宽谷平川地貌，形成了曹墩、星村两个规模较大的村落，这一格局延续至今。而至九曲溪下游，山多地少，山中村落野舍零散分布，有的面瀑辟扉，有的临泉而建，即是人家聚处也只为小村落。

　　生产方面。九曲溪中游土壤肥沃，地势平坦开阔，并且有泉灌田而下。在这样良好的水土条件下，这一区域历史上以种稻米为主，正所谓"禾黍油油万顷田"。而下游丹霞地貌，"山皆纯石，不宜禾黍，遇有寸肤，则种茶茆"。可见，"以种茶代耕"的生产方式是为了适应当地土壤贫瘠的杂石地貌环境所形成的。其他还有养蜂、蒸竹、制楮、渔佃等依赖于自然环境的生产方式。历史上这些生产方式满足了当地的生活生产需求，同时也反映出了朴素传统的生产生活智慧。

[1] 目前看来，生计与气候之间的联系相对较弱，仅发现上游的桐木村利用独特的气候条件培育出了正山小种。但关于关于风景名胜区内的生计与气候条件之间的联系描述极少，生计主要是受地质地貌、水文的影响。
[2] 这里只探讨了村落与自然因子之间的关系。作者尝试寻找城村汉城与武夷山风景名胜区之间的空间关系。但目前，并未发现城村汉城（包括其中作为祭祀场所的北岗遗址）的朝向与武夷山风景名胜区之间存在空间关联。

6.2.3　生计与精神的相互渗透分析

以下进一步分析武夷山当地传统生计与精神（包括信仰、审美）之间的相互渗透关系。

首先，在地方的信仰观念对当地传统生计的影响解读方面，主要基于刘家军、邹全荣等关于武夷山地区闽文化的研究。当地人相信一个村落的山水自然环境与福祸相关。当地有"山管人丁水管财""山气刚，川气柔"的说法。因此，村落多选择山水环抱居的环境而建。正如董天工描写的曹墩村"云山四绕双溪绿、楼阁千家一角青"。武夷山风景名胜区周边的下梅村等亦是如此。此外，随着朱熹等一批文人的出现，当地人也越来越重文，每一处村落选址都要有"文峰"。当地人相信，有了"文峰"，才更能出文人。曹墩村的文峰便是白塔山左侧的"笔架山"。这些观念反映出当地人将美好的事物和意思赋予山水，其传承有利于村落周边山水环境的保护。

其次，在当地传统生计与审美之间的关系方面，仍然基于董天工的《武夷山志》中的古诗、古图，解读传统生计如何上升到审美层面。

研究发现，当地传统生计上升到审美层面主要有两个表现。第一个表现是古代文人对村落闲情逸致的田园审美意象的挖掘。古人在描述武夷山水时，时不时穿插着对村舍的描写。例如，"（九曲溪南）虾尾洲，仙岩之前。泊于溪畔，烟扉、水碓、曲屋、小桥、村居数家，殊有逸致。"最重要的是，有一处地位十分重要的景致完全是以田园村舍景象为审美核心。那就是在第九曲所主要欣赏的"溪尽平川"。第九曲是古人溯溪而上的尽头，在第九曲之前游者阅历了多情娇容（二曲玉女峰）、时光流逝（三曲的船棺千年）、别样窈深（五曲）等种种景致，两岸崖壁耸立，水流时缓时急。最终，来到了第九曲，眼界忽开，见到星村、曹墩好一派闲适的田园景象，诗人们仿佛置身桃花源，疑虑顿消。既感觉脱离凡尘，又自知还在人间，悟得何为"天性""自然"。诗人们还专门在九曲溪尽处的灵峰之上建亭凭栏眺望这一景象。例如，朱熹《白云庵》中有云"在灵峰上。近时新构者，临崖。轩窗高敞，凭栏远眺，溪自西来，盘回如带，星村之田畴、庐舍、野店、山桥，俨然如画"。董天工在《武夷山志》中所画的"九曲分图"正是描绘了这幅场景（图6-6）。九曲溪水自远处的马月岩缓缓流来，过平川（曹墩）、星村，绕灵峰。灵峰上有飞桥、白云洞，还有倚灵峰而建的一组敞窗的亭轩，在亭轩内可将眼前的田园景象一览无遗。

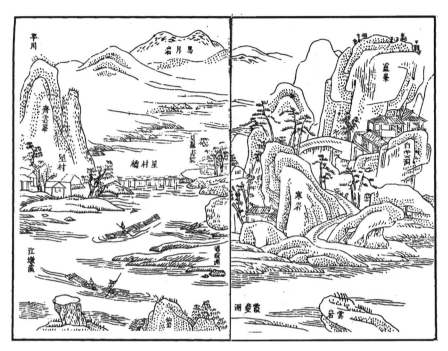

图 6-6　九曲分见之图
（图片来源：《武夷山志（中）》）

　　第二个当地传统生计上升到审美层面的表现是，传统的茶叶生计与山水审美活动的结合。茶、竹、鹤、松、鹿等要素已经成为隐逸生活的标志。尤其是茶，表 6-6 中摘录了《武夷山志》古诗文中有关茶的内容。例如陆廷灿《次前韵赠铁华上人》中描述了"茶烹香水、枯坐幽栖"的生活，邱大春《题朱文公书院》中描述希望像朱熹一样过着"脱粟疏茶"的生活。许多游览武夷山的全山诗和游记中也有类似的描述，譬如蓝振刚《复古洞访梓生上人》中写道"竹影茶烟细，松声鹤梦闲"。徐表然还曾在武夷山修建漱艺山房，并为其赋诗"煎茶仍砍崖边竹，扫径唯留石上苔"。陈观也有诗云"客来无物供吟笑，旋摘新茶煮石泉"。张于垒《武夷杂记》中还描述道："茶园香气沁人心脾，是来自山灵的清雅之物"。记中说道，"（茶莽）村落上下，隐见无间。从高望之，如点绿苔，冷风所至，嫩香扑鼻，不独足供饮啜，为山灵一种清供也。"此外，《武夷山志》中还提及"茶隐寮、茶洞的晚霞居、煮霞居"等建筑。可见，活泉煮茶、砍竹扫径的生活已经成为隐逸文人所追求的一种生活方式。

从古诗中看文人隐逸生活与茶的关系 　　　　　　　　　　　　　　　　　　　　　表 6-6

诗人	古诗名称	与茶叶生计相关的内容
邱大春	题朱文公书院	"活水寻源"象征"归依之心";"脱粟疏茶"指"儒家美德"
钟惺	云窝	在这里"笋茶随取",心生"止此之意"
董天工	茶灶	试茗、寻仙灶、赋诗
袁枢	茶灶	"摘茗、仙岩、汲水"做茶
徐运	登接笋峰	"瀑溅雪花穿涧绿,茶烹秋色泛瓯黄;道来益添泉石癖,顿欲携家结草堂"
雷鋐	登一览台	"茶留仙掌气,饭带胡麻香;妙道无方体,太虚接混茫"
朱彝尊	武夷放歌	甘蕉、修竹;"竹鸡声中摘茶叶,石榴树底交茶烟;吾思此地淘胜绝,道书名之曰洞天。"
陆廷灿	次前韵赠铁华上人	茶烹香水、枯坐、幽栖
陆廷灿	武夷茶	"轻涛松下烹溪月,含露梅边煮岭云"
彭雄飞	宿水云洞	烟霞、千峰月出惊啼鸟、钟声;仙童论笋、老衲烹茶;"向名山老岁华"
冯柱雄	青狮岩	僧窗开向层崖杪、见茶灶
张时彻	九曲棹歌	"石门茶灶依然在,流水桃花自有心";亭外星村路、不识几洞天;杳然溪源
白玉蟾	棹歌十首	"仙掌峰前仙子家、客来活火煮新茶";斜晖、村鸡犬、棋局稻田
蓝振刚	复古洞访梓生上人	"竹影茶烟细,松声鹤梦闲"
张于垒	武夷杂记	"村落上下,隐见无间。从高望之,如点绿苔,冷风所至,嫩香扑鼻,不独足供饮啜,为山灵一种清供也"
陈观	天壶道院	"客来无物供吟笑,旋摘新茶煮石泉"

资料来源:摘自《武夷山志》。

6.2.4　自然与精神的升华结晶分析

最后一个层面整体性的研究内容主要是分析武夷山风景名胜区的哪些自然特性,通过怎样的体验方式,激发了人潜在的哪些情感、观念和思想,并且形成了怎么样的空间改造结果,尤其关注那些被不断反复强化、赋予在武夷山水之中的情感、观念和思想。

研究资料主要是关于武夷山的山水诗。关于武夷山的山水诗始于唐代[①],兴于宋代[②]。这里一共挑选了 70 首诗,涉及时间从唐代至当代,包括全山诗 44 首(表 6-7)、九曲棹歌 26 篇(表 6-8)。从唐至宋代朱熹之前的武

① 唐代之前,古籍中关于武夷山的载述很少。最早关于"武夷"的记载是在《史记·封禅书》:"(祠)武夷君用干鱼"。最早的诗作应是中唐徐凝的《武夷山仙城》。
② 宋代之前《汉书索隐》《魏王泰坤元录》等古籍关于武夷山的记载主要反映出武夷山是受道教思想影响,作为仙人武夷君居住之地。山水之美尚未发掘。宋初,闽北出现了一批文人,对武夷山水文化的形成作出巨大贡献。

44 首关于武夷山水全貌的全山诗　　　　　　　　　表 6-7

朝代	编号	诗名	作者	朝代	编号	诗名	作者
唐	1	武夷山仙城	徐凝	宋	23	仲机宗正、景仁太史同游山，喜文叔茂实亦至	朱熹
	2	武夷山	李商隐		24	用前韵别仲机	朱熹
宋	3	建溪十咏其一武夷山	杨亿		25	谢寄羊裘	朱熹
	4	和李侔游武夷	杨时		26	出山道中口占	朱熹
	5	游武夷	杨时		27	题武夷	方岳
	6	重过丫头岩思先大夫	胡安国		28	题武夷五首	白玉蟾
	7	移居碧泉	胡安国		29	武夷有感十首	白玉蟾
	8	桃源	刘子翚		30	草衣仙乩题八首	白玉蟾
	9	游武夷山	刘子翚		31	广仙乩题八首	白玉蟾
	10	病中追赋游武夷	刘子翚		32	武夷三首	辛弃疾
	11	问明仲游武夷日	刘子翚	元	33	月夜泛舟	余嘉宾
	12	致中招原仲游武夷却寄	刘子翚		34	题九溪卷	邱云霄
	13	武夷山中次韵赵清献阴字诗	刘子翚	明	35	游武夷	郑善夫
	14	游唏真馆有诗，因次其韵	刘子翚		36	游武夷宿冲佑观偶作	郑善夫
	15	致中相拉游武夷，因次原韵	刘子翚		37	游武夷山	郑善夫
	16	唏真馆诗	李纲	清	38	题武夷四首	王复礼
	17	游武夷	李纲		39	武夷四时	王复礼
	18	题栖真馆三十二韵	李纲		40	武夷杂咏	王复礼
	19	武夷行（有序）	李纲		41	武夷	马豹蔚
	20	题画	李纲		42	辛丑偕怀弟君可游武夷四首	何瀚
	21	游武夷江城子	李纲		43	武夷三十六峰歌	何瀚
	22	游武夷以相期拾瑶草分韵得瑶字	朱熹	近代	44	游武夷山泛舟九曲	郭沫若

资料来源：主要依据《武夷山志》整理。

26 首九曲棹歌 表6-8

朝代	编号	诗名	作者	朝代	编号	诗名	作者
宋	1	武夷棹歌十首	朱熹	明	14	棹歌和韵	黄仲昭
	2	棹歌和韵	方岳		15	武夷九曲次晦翁十首	郑善夫
	3	九曲杂咏十首	白玉蟾		16	棹歌和韵	马豹蔚
	4	棹歌十首	白玉蟾		17	棹歌和韵	江以达
	5	游武夷作棹歌十首呈晦翁十首	辛弃疾		18	武夷九曲歌	顾梦圭
	6	和朱元晦九曲棹歌	欧阳光祖		19	和棹歌原韵	张坦
	7	重游武夷偶成棹歌一首	蒲寿宬	清	20	和文公武夷棹歌	来谦鸣
	8	武夷九曲棹歌	留元刚		21	和文公武夷棹歌	僧明钦
元	9	和文公武夷棹歌	蔡哲		22	和文公武夷棹歌	王复礼
	10	和文公武夷棹歌	余嘉宾		23	和文公武夷棹歌	董天工
明	11	和文公武夷棹歌	邱云霄		24	追和白真人九曲杂咏十首	杜淇
	12	棹歌和韵	刘信		25	武夷九曲棹歌	何瀚
	13	棹歌和韵	张时彻	当代	26	九曲棹歌原韵十首	钱明锵

资料来源：依据《武夷山志》《朱熹〈九曲棹歌〉的文化意蕴》整理。

夷山水全貌的诗数量少，尽可能全地收入作为研究资料。依据清代董天工编撰的《武夷山志》以及关于武夷山水诗的一些研究，共找到24首。朱熹之后，诗歌数量大增，浩如烟海。这里仅选取其中的46首，包括最具有代表性的描述武夷山水全貌的26篇《九曲棹歌》（包括朱熹的原作以及后人的仿作与合作）、由棹歌作者所写的19首全山诗以及1首近代学者所作的全山诗。棹歌是我国南方渔家划船时所唱的歌曲，后逐渐演化为一种诗歌创作手法。如有唐代戴叔伦所做的《兰溪棹歌》，清朝朱彝尊的《鸳鸯湖棹歌》等。在武夷山，用棹歌的形式描述九曲溪的山水是朱熹的首创。此后，许多儒家、道家、佛家之人也纷纷模仿，甚至传入了韩国。《九曲棹歌》创所持续时间之长、影响范围之广，是一般的棹歌创作所不具备的。此外，《九曲棹歌》一般结构工整规范，每篇十首，先总述武夷山水全貌，然后依次从九曲溪的第一曲开始描述，以第九曲结尾。既有景致游赏的空间序列，也描述情感。综上，《九曲棹歌》适合用于研究武夷山人与自然精神联系。还可结合棹歌创作者所写的传统形式的全山诗（如七言律诗、五言绝句等）相互佐证。目前，学者对于武夷山水诗的涵义的解读比较多，有助于本书准确理解古诗的意思。

　　全山诗详细解读过程见表 6-9。表中分析了每一首全山诗所描写的自然特性、体验方式以及触发的情感、观念或思想。归纳起来，在这些古诗中，诗人描写得最多的是苍山之"秀灵"、碧涧之"清绝"、每曲境异之"诡奇"、山高谷深之"幽然"。而所表达的情感，最初主要是"寻仙修仙"之心。宋代，一批闽北的文人发掘了武夷山水之美。这批文人往往信奉理学，积极入世。同时，在仕途坎坷遭遇贬官时而萌生避尘之心。如李纲曾在诗中说"谪官道出武夷山"。武夷"山深水清泚"，也就成为他们寻幽避尘、澹怀逸情的最佳去处。刘子翚曾在诗中说武夷堪比武陵，并道"探幽神益新、得快意自消"。还有道人白玉蟾在此"悟源"。朱熹在山水最为幽深的五曲修建了武夷精舍，还筑亭架庵，朱熹的《云谷记》中有云："自此北去，历悬水三四处……聚散广狭，各有姿态，皆可为亭以赏其趣"，还曾说欣赏"一水屡萦回，千峰郁岧峣"，终可"旷然心朗寥""遣纷嚣"。并且，到了朱熹之时，"含道应物"更加明显。《朱子语类》有云："春，仁也；夏，礼也；秋，义也；冬，智也。"所以，朱熹所写的武夷山诗文中，诸多有寻春、寻源之意。武夷山水也成为沃心泽物之所。到了元明清时期，闲趣之意更浓，并强调在这种闲意之中见人之真性。正如，元代邱云霄写道"乾坤自悟意自闲"。还有如"悟气机，见真性、不逐时趋"等。近代，郭沫若的《游武夷山泛舟九曲》主要描述了武夷山的幽境，从游览方式上看，主要包括乘舟、蹑幽径、登观、坐暝这几种方式。总体而言，通过全山诗的解读，可以了解诗人对武夷山水总体轮廓的描述以及所触发的情感。

武夷山全山诗中人与自然的精神联系分析　　　　　　　　　　　　　　　　　表 6-9

朝代	编号	诗名	作者	自然特性	体验方式	情感、观念、思想
唐	1	武夷山仙城	徐凝	"无上路""毛径"	—	修仙之心
	2	武夷山	李商隐	毛竹遍生，曾孙不来	—	武夷仙窟

朝代	编号	诗名	作者	自然特性	体验方式	情感、观念、思想
宋	3	建溪十咏其一武夷山	杨亿	孤峰、紫氛、灵岳、悬流万壑、汉坛秋藓	—	山灵，山青水秀
	4	和李侍游武夷	杨时	"浓淡烟鬟""雨晴"变化、晚霞、秀峰、银河、"幔亭寂寞仙何在""勾漏丹砂"	—	"寻仙"、怀古之心
	5	游武夷	杨时	山深水清泚，"龙泓东注""玉女翠拥""藏舟（船棺）"、石刻、雨、月、云、幽径	穷异境、蹑幽径	避世之心
	6	重过丫头岩思先大夫	胡安国	—	—	求仙
	7	移居碧泉	胡安国	深幽、名泉、短梦依白石、澹怀结清流、丹丘野舍、栽竹子、驯鹤	—	澹怀、逸情
	8	桃源	刘子翚	桃花、蜜蜂、山峰、鸡犬、村、流水（堪比武陵源）	—	隐逸
	9	游武夷山	刘子翚	溪流漾翠岑，幔亭落日，毛竹洞深	东风一舸	寻幽、"神仙"可学非身外
	10	病中追赋游武夷	刘子翚	建水浅、清滩迢、松风、长林	登观	探幽神益新，得快意自消
	11	问明仲游武夷日	刘子翚	听凉雨，见雪涨川。独行枫叶底，秋兴雁行边	—	闲知胜缘
	12	致中招原仲游武夷却寄	刘子翚	一塵幽僻，微风，残日	乘舟	寻幽事
	13	武夷山中次韵赵清献阴字诗	刘子翚	石磴云房隐涧阴	—	归隐
	14	游唏真馆有诗，因次其韵	刘子翚	晴莎散策随山远，夜月回舡信水流	—	归途寻幽，自闲
	15	致中相拉游武夷，因次原韵	刘子翚	—	—	归隐之心
	16	唏真馆诗	李纲	峰峦奇秀，清绝	乘舟	隐逸
	17	游武夷	李纲	秀气蜿蜒、苍石插天云缥缈，碧溪通壑水湾环	—	脱屣谢尘寰

续表

朝代	编号	诗名	作者	自然特性	体验方式	情感、观念、思想
宋	18	题栖真馆三十二韵	李纲	一溪贯群山，溪边列岩岫。金鸡岩昂立，悬棺插崖腹等	—	仙游之历，脱羁束
	19	武夷行（有序）	李纲	风景倏然，碧溪九曲山万叠，翠碧苍崖晚更奇，仙境灵踪	—	无拘无束
	20	题画	李纲	清气盘回，峰峦窅窕	—	—
	21	游武夷江城子	李纲	山麓溪横、晚风清、断霞明、云缥缈、石峥嵘	舟游	一梦游仙
	22	游武夷以相期拾瑶草分韵得瑶字	朱熹	一水屡萦回，千峰郁岩峣，隐屏苍然	—	旷然心朗寥，遣纷嚣
	23	仲机宗正、景仁太史同游山，喜文叔茂实亦至	朱熹	秋景、枫叶、千岩万壑	—	盈虚有数
	24	用前韵别仲机	朱熹	武夷奇语、如茫茫出太极	—	沃心泽物
	25	谢寄羊裘	朱熹	短棹长蓑闲弄钓鱼	—	怀仁辅义
	26	出山道中口占	朱熹	川源红绿一时新	—	寻春
	27	题武夷	方岳	鹤怨空山、一声铁笛	舟行	"脱尘求仙"
	28	题武夷五首	白玉蟾	青山水绿，奇胜	—	"脱尘求仙"
	29	武夷有感十首	白玉蟾	花开花落春自香；树抽嫩叶，藕发新花等	—	自然变迁之感
	30	草衣仙乩题八首	白玉蟾	卧向东山日正东，麻衣沉醉笑东风	—	悟源
	31	广仙乩题八首	白玉蟾	丝雨乱飞，当风听筝鸣	乘槎，坐听	心朗如秋水净
	32	武夷三首	辛弃疾	行进桑麻九曲天	上水船	避世，随流水溪云
元	33	月夜泛舟	余嘉宾	苍玉屏风、清秋、明月	泛舟	闲适之意
	34	题九溪卷	邱云霄	溪水清于玉、萦纡抱山	逆流行舟	乾坤自悟意自闲

续表

朝代	编号	诗名	作者	自然特性	体验方式	情感、观念、思想
明	35	游武夷	郑善夫	岩石鸣泉，碧潭清影，屈曲更诡奇，宏奥复幽静	溪船，坐瞑	悠悠隔尘境
	36	游武夷宿冲佑观偶作	郑善夫	日落云木萧森，古堂灯净，一夜风雷山雨深	—	蕨薇心（隐居之心）
	37	游武夷山	郑善夫	灵胜，翠川玉篆绕，丹巘琼花并，浮桴，同武陵源	远瞩	悟气机，见真性
清	38	题武夷四首	王复礼	武夷三十六峰、水清美、景色移形换影、奇险	—	道教神山；一曲一回肠；安栖之心
	39	武夷四时	王复礼	桃花、松风、丹青、梅开	—	胜地之景
	40	武夷杂咏	王复礼	山清水秀、柳绿桃红	乘桴可游	锄云之心，不逐时趋
	41	武夷	马豹蔚	山结青葱，水结纹，洞门霞障。奇峰高入云。控鹤人，卧龙潭静日初曛	—	归隐之心
清	42	辛丑偕怀弟君可游武夷四首	何瀚	山水幽奇，奇岩怪石，村落桑麻	舟游、高阁凭栏	眼界脱物华
	43	武夷三十六峰歌	何瀚	离奇的黎明云海，三十六峰见升日，云开群峰次第出	天游亭览武夷，仰止溯游	娱心目，得意忘象自悠悠
近代	44	游武夷山泛舟九曲	郭沫若	九曲清流，幽兰生谷香生径，方竹满山绿满溪	泛舟	幽境

26 首九曲棹歌的详细解读过程如表 6-10 所示，表中解析了每首九曲棹歌中描写的各曲景致和情感。从总体反映的情感来看，自宋代，祭祀思想已经弱化，汉祀坛、祈雨处已经荒芜，但武夷山仍充满神秘色彩，与当时文人所发现的山水美交织一起。武夷君宴客乡人、虹桥飞断等神话传说都化成诗中的幻象。在诗中，经常诗人、仙人共处一起，整个游历过程如仙游一般，景色应接不暇甚至劳人耳目。但或许正是这船移景换的丰富景色，当最终见到九曲溪源桑麻平川，更让人有可能感到"眼界脱物华""得意忘象"，触发"止止"说[①]等思想观念。

① 止止是指"当是止其当止之意"。

武夷山九曲棹歌中人与自然的精神联系分析

表 6-10

		总述	一曲	二曲	三曲	四曲	五曲	六曲	七曲	八曲	九曲
情感总结		问仙、问桃源、仙源访洞灵、逃名	入道、寻真、寻源（仙源和桃源）	多情、人间沧桑、期待还有几重山	自怜、时间（天地终归尽）	清绝、蛰居之意	深、万古心、朱子之心。出世之所、接无尘	与尘寰隔、心自闲、悠然、浮名浮利不相关、思深隐、扫尽尘缘	寒、禅关	兴未尽、即将入桃源路、空	升真、归真；尽奇踪；探奇尽兴；自然、天性；穷源意不尽；脱尘寰、又在人间
	朱熹	仙灵、寒流	钓船、幔亭峰、虹桥典故、晴雨、万壑千岩	玉女峰、花容、梦	架壑船	两石岩、金鸡岩、满月、空山、潭	山高云气深、烟雨、平林	苍屏碧湾、春意、柴关	碧滩、回看隐、屏仙掌峰、雨夜、飞泉	风烟势欲开、鼓楼岩、水紫洞	繁然、桑麻、平川、雨露、桃源
	方岳	烧药、仙灵、煮茶、清水飞泉	捕鱼船、月满川、苍玉碧	芙蓉、鱼歌	苍崖、群仙之船、蕙帐、鹤语	宿雨、云、老龙潭	竹绕寒栖、薜径深、翠屏峰	庵居、桃李、春风	云气藏山、雪、山雨寒	水穷山势开、溪山将尽	星村、溪南一线天
	白玉蟾	三十六峰、九曲、仙处	幔亭峰、仙船、魏王李茶	丹炉生春草、玉女峰前空白云	仙舟架岩头、春水流	秋光、满潭秋水、金鸡岩	千古荒亭	仙掌峰、道家、新茶、瀑布悬崖	碧湾、禅关、风雷吼	沙鸥、碧流、芦花、暮云、鼓楼岩、起秋	斜晖、鸡犬、稻田如棋局、飞鸟
	白玉蟾	流水飞落叶、青山无古今	升真洞、春水	玉女峰插花临水	仙机岩	金鸡岩、水满寒潭方著雨、空谷谷吞烟	铁笛亭、沉醉、清风、白鹤、翠松、冷月、吹笛、深潭	仙掌峰、翠崖、炼丹台	石堂寺、雷雨	鼓楼岩、古渡头	落日、碧滩、鸡犬

续表

	总述	一曲	二曲	三曲	四曲	五曲	六曲	七曲	八曲	九曲
郑蕡夫	嫚亭、仙灵	船、紫嶂丹崖	玉女峰	鳌船	藏真、老龙潭	隐屏峰、烟水深	百年关	三百滩、喷雪弄雷	石鼓岩、飞泉	寻源结束、还将去看一字天
辛弃疾	一水、叠嶂扁舟	嫚亭仙境、翠云屏、笙鹤声	玉女峰、月满空山	仙人、随流水、溪云、花开花落	翠壁高、插遗樵	有路接无尘、苍崖、游人	巨石消磨	千奇万怪只依然	吟诗坐钓矶	行尽桑麻九曲天、留连更寻佳处
欧阳光祖	—	—	—	—	—	—	—	—	鼓楼山、风雨萧萧	—
蒲寿宬	九曲弯环、溪净、飞鸟似迷	—	—	—	—	—	—	—	—	—
留元刚	—	—	—	—	—	—	—	—	山云敛复开、听林间语	—
蔡沈	逃名客	嫚亭峰、溪头飞花、春意浓、水红	高峰激湍、娉婷玉女峰	仙机、夜闻天乐	淙淙、岩谷、丹崖、金鸡夜啼	溪山秀奇、充满佳趣、紫阳书院	云屏峰、仙掌峰	太姥岩、风卷浮云、碧潭	平洲即要津	坙明眼界宽、仙家鸡犬大
余嘉宾	武夷君	大王峰、烟霞	芙蓉峰	架壑船	金鸡岩、丹崖翠壁、瑶草奇花	隐屏峰、天柱峰	悬崖叠嶂、书堂	仙掌峰、彩霞、暮春	苍屏、水曲流	仙侣同舟、踏歌归
邱云霄	溪萦九曲、山拥千峰	船、嫚亭峰、野月、溪云、汉坛	娇峰云水间	望仙舟	丹崖紫洞奇、金鸡啼晓、空潭	锦绣屏、青山静仪、东流水、亭	仙掌峰、石灶、茶烟	峰头松桂深	钟鼓鸣石、倚斜晖、望玉楼	逶迤引市廛、青襄、黄楼、疑是桃源

续表

	总述	一曲	二曲	三曲	四曲	五曲	六曲	七曲	八曲	九曲
刘信	山灵、溪声、嗖亭川	酒船、晴川、石室丹炉、翠烟	秀峰仿佛容仙容	栉风沐雨的架船	金鸡岩、炼丹炉、夜光、碧潭	书屋、云林	流水白云	石滩、烟雨、峰峦、渔歌	晴岚迤逦遥开、楼合掩映、翠盘回	荡桨下长川
张时彻	碧水丹山、秀灵、渔郎	嗖亭峰、船、霞影晴光、碧峰川	玉女峰（碧芙蓉）、丹梯	含唱吐雾百千年的鳌船、瑶草、琪花	钓鱼台、鹤鸣岩、金鸡岩、清夜月、百花潭	隐屏峰、松桂、白云、青林、石门茶灶、流水桃花	仙掌峰、碧湾、石门交结、天游峰	石鼓岩、长笛、万壑风生	毛竹洞、云里三峰	杳然溪源、鸡犬、村、星村
黄仲昭	仙灵、山色、溪声	船、峰峦	玉女之容	鳌舟	云影天光、清绝	峰峦回转、精舍	幽林、碧湾、溪月、闲云、柴关	乱石滩、瀑布	悠然眼界开	桑麻、鸡犬
马豹蔚	—	钓船、山光云影、寒川、嗖亭峰、桃源	玉女峰、妆容	不橹船	寒林、翠岩、松杉、卧龙潭	云窝窈以深、幽林筑室	山红水湾、云深处	碧滩、月夜	日开、繁华锦绣	洞天
江以达	仙灵	木兰船、石室、丹灶冷	玉女峰、春容	仙机	大藏岩、金鸡岩、白云、碧潭	绿藓、苍苔、径深、洞烟、崖日、霜林、精舍	苍屏、沙湾、天游叩关、望诸峰	碧滩、天壶岩	鼓楼岩石、岩、子开	仙家、鸡犬、路尽见桃源
朱谦鸣	仙源洞灵、丹岩碧溪	泛船、大王峰、秦坛汉祀遗迹	玉女峰谷	古船凌空悬架几千年	金鸡岩、明月、碧潭	烟霞别样深、紫阳辟山林、峰头月	奇峰、仙掌峰、山家之闲	溪深碧滩、天壶峰、飞瀑、飞泉、寒	幽深异境开、水潆回	峰峦洒然、田、平川
顾梦圭	—	大王峰、桃花、幽石、炼丹室	玉女双鬟	浮槎、雷雨空岩	嶙峋、洞门杳、金鸡岩	文公孤馆、隐屏峰、茶灶	仙掌奇峰、一夜东风、曲水萦纡	百尺寒泉、暮、残阳、秋	峰峦渐疏露、溪声转愈隐、鼓楼岩	花柳、仙村

续表

	总述	一曲	二曲	三曲	四曲	五曲	六曲	七曲	八曲	九曲
张坦	真灵	船、嫚亭峰、澄川	女儿谷、梨花雨	架壑船、天机、罢织、丹崖、飞鸟	金鸡岩、藤萝、月夜、龙潭	山更深、隐屏峰、精舍	仙掌峰、凝空望、天游日月闲	碧滩、天壶峰	天半开、鸟飞回	忽旷然、从名川、山一下到平川、星村的鸡犬桑麻
僧明钦	名山灵水	上船、晴川、闲花野草	翠峰容貌不改	朽骨藏岩穴、抹月披风	四面岩、松筠、萝薜、碧潭、金鸡岩	清奇气象深、自步山林、花香鸟语、无心	过别湾、关、各心作等闲	回看嫚亭峰、仙掌峰	云林霁色开、群仙自此去、空有游人往来	平川、奇峰怪石
王复礼	不在仙灵	溪头泛船、嫚亭峰、千载空余一抹烟	玉女峰幽闲贞静的仪容	船中朽骨	石岩、龙潭	峰高水深、独冷经学	舟过一半湾、花尽自闲	潺湲水下滩	溪山渐次开	幽其本自然、静景如山、动如川
董天工	山灵、溪声	上船、大王峰巨立、千峰捍峰	碧玉峰经盈烤婷、镜合矫容	悬船、古色陆离	峭壁、岩泉、仙鹤鸣、金鸡岩、声满深潭	层峦输秀深、紫阳书院	峰回溪水湾、似度玉门关、扫尽尘缘心自闲	溪高浪激滩、飞瀑天壶、春水寒	连峰摩汉开、桃源有路登仙境	幽深渺然、白云深处见平川、秦人鸡犬去、长留洞天
朴淇	奇峰曲水、树阴阴	升真洞、碧桃花	玉女峰、独立溪头	仙机岩诺	金鸡岩、苍岩千仞	铁笛亭、吟龙	仙掌峰、丹台、翠岩	石堂寺、雷雨	鼓楼岩、风传警鼓	一带村烟
何澍	一	桃源问津处、怪石嵯峨、嫚亭峰	玉女绝尘	高凤、朝旭、晓云、仙家器物师叙寥	题诗壁、仙机岩、铁笛岩、金鸡岩	隐屏峰、紫阳书院、溪风曲、月万古在、青灯辉映人不在	危亭一览九曲、三十六峰、仙掌峰	三仰峰、俯观升日和仙掌峰	芙蓉滩头溪水转急、听雨、鼓楼亭	眼界忽辟平川开、星村渡
钱明赅	神怡心清	山开暮蔚然	玉女峰花谷	架壑船	御茶园、清泉、碧潭	烟萝掩径深、武夷精舍	山花夹岸、欲作桃源客、大桑麻	险滩、看三仰峰	石鼓岩石、烟际岩、迎仙亭	下船、摇渺拥翠

各曲分开来看，"每曲胥成异境"，诗人们对各曲景致描述十分一致。也就是说，各曲已经各自形成了诗人普遍认同的风景特性。每一曲所主要触发的情感也有所不同。一曲幔亭亘立引人入境，二曲玉女娉婷让人动情，三曲船棺千年引人自怜，四曲石岩龙潭让人心生隐意，五曲烟霞别样窈深让人打开心门，六曲峰回溪湾仿佛度过牢关、心已自闲，七曲溪高浪激、飞瀑天壶让人再度感到寒意，八曲溪山渐开仿佛已尽溪源让人心生归意，九曲眼界忽开见禾黍平川让人仿佛感觉置身世外桃源、"眼界脱物华"（图 6-7）。其中，关于各曲的峰、崖、潭等的描述，重点在于从一曲到九曲的秩序。元代大德年间，陈普注解《武夷棹歌》说："朱文公九曲（九曲棹歌），纯是一条进道次序。其立意固不苟，不但为武夷山水也。"明代刘信的《棹歌和韵》也说，本朱子之意云："一曲寻真载酒船，棹歌声里度晴川。"并且，一曲中频频提及的"钓船"也有悟道之船的意思。在德诚禅师《拨棹歌》和黄庭坚《诉衷情·一波才动万波随》中，都是借钓鱼一事比喻从修禅到顿悟的过程。

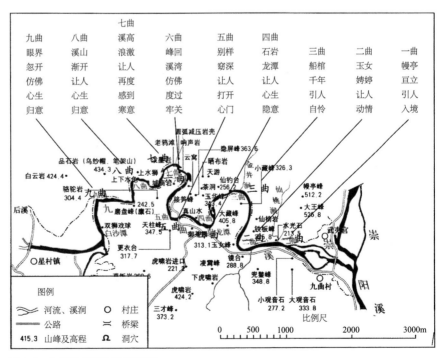

图 6-7　九曲溪 "每曲胥成异境"
（图片来源：底图引自《武夷山丹霞地貌》）

　　从游览方式来看，主要是逆水行舟，此外也结合了登观、坐瞑等。从一曲到九曲，古人可撑竹筏慢慢逆流而上欣赏风景，从一个一个局部的经历去感受九曲溪这个整体。这里的"一曲、二曲……九曲"和泰山登山中轴中"一天门、二天门、南天门"的作用类似，都是表达一个游赏序列，引人逐渐达到最高境界。另外，研究发现很少有诗人会去描写船下行时的景致。这是因为下行舟速度是非常快的，阻碍了体验和感悟的深度。如辛弃疾《游武夷作棹歌十首呈晦翁十首》中写道："归棹如搊箭，不似来时上水船（逆水而行的船）。"谢肇淛在《游武夷山记》中写道："下而放舟随濑，瞬息至二曲。"

　　从空间改造结果上看。根据清代董天工的《武夷山志》中的记载，绘制了武夷山历代从唐代至清代主要的道观、寺庙和书院分布（图6-8～图6-10）。图中可以发现，历史上武夷山道、释、儒在活动场所上选址有着相傍而建的特点，存在极大的共性。邹义煜也表达了类似的观点。总体上，寺庙、道观、书院沿九曲溪分布较多，山北山南曾三点分布。沿九曲溪，主要集中分布在三曲至九曲，其中五曲最为幽深，也最受历代儒、释、道教人士的喜爱。首先，前文的诗词分析中已经发现，无论是道、释、儒哪一派的人士，对武夷山山水的喜好是十分接近的，只是赋予的文化内涵和目的有所不同。儒学名贤认为"山闲静远，少避世纷"，才能专心于学问。佛教僧人追求"四水环抱、一水萦回"的"幽胜"之地。对于道家而言，除了大型的武夷宫，道人也多追求"道复耽幽"的环境，其次，这一特点与武夷山道、释、儒三家的文化均注重修心，三教文化相互渗透紧密相关。历史上，同一时期道、释、儒教人士相互之间往往存在紧密的交流，石刻和游记中也不乏当时关于儒、道、释约游的记载。理学家朱熹年轻时曾痴迷佛学，进入武夷山之后则常与道人接触，在其诗词中不乏反映与道家人士结交的内容。宋元时期内丹派南宗实际创始人白玉蟾融合了佛教、理学的思想，提出修道应当注重积精聚气，并且认为儒、道、释三教均源于一个"道"，"心即是道"，契"道"之心，乃"无心"之心，即在内炼静定中，脱离了意识，停息了念头，忘物忘我的体验。可以说，在武夷山，道、释、儒文化的交融相通以及共通对修心的注重，形成了武夷山历史上书院、道观、寺庙相傍而建的空间格局。

　　综上，武夷山风景名胜区自然与精神的升华结晶体现在，武夷山风景名胜区拥有一水九萦回、千峰郁岩崚的碧水丹山之景。山水奇秀清幽，却

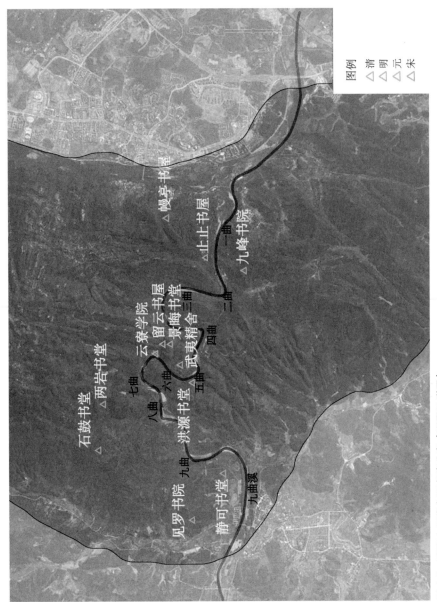

图 6-8　武夷山历代主要书院分布（彩图见附图）

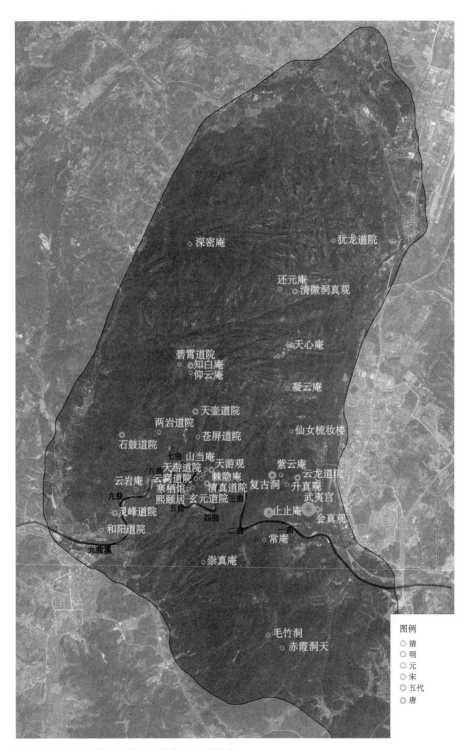

图 6-9　武夷山历代主要道观分布（彩图见附图）
（图片来源：根据《武夷山志》整理绘制）

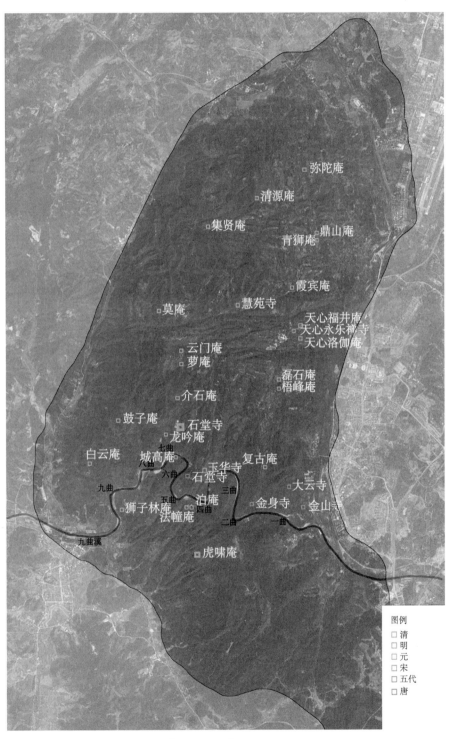

图 6-10　武夷山历代主要寺庙分布（彩图见附图）

（图片来源：根据《武夷山志》整理绘制）

又每曲境异。倘若"舟以寸进"慢慢地"杭溪而上"，一曲幔亭亘立引人入境，二曲玉女娉婷让人动情，三曲船棺千年引人自怜，四曲石岩龙潭让人心生隐意，五曲烟霞别样窈深让人打开心门，六曲峰回溪湾仿佛度过牢关、心已自闲，七曲溪高浪激、飞瀑天壶让人再度感到寒意，八曲溪山渐开仿佛已尽溪源让人心生归意，九曲眼界忽开见禾黍平川让人仿佛感觉置身世外桃源、"眼界脱物华"。总体是从"翳郁之境"通向"旷达之境"。这些山水之景还和神话幻象融合在一起，并且在"含道应物"的观念下，又充满理学涵义，如山魂水魄的说法，春夏秋冬与人格的高崎千仞、仁礼义信联系到了一起等。

6.2.5　小结：整体性描述及与现有资源认知比较

基于上一小节的研究，武夷山风景名胜区的整体性体现在：

（1）武夷山自然生态系统内地质、地貌、土壤、气候水文、植物、动物相互之间联系十分紧密，且在小尺度范围内呈现出高度多样化。

（2）武夷山当地人利用了这种复杂多样的地貌和水土条件，于宽谷平川、山环水抱处修建规模较大的村落，而在狭隙之地零散布置村舍，并且培育出了品种多样的茶叶。尤其是丹霞地貌的岩茶种植，是在当地土壤贫瘠的杂石地貌环境下所产生的"以种茶代耕"的生产方式。

（3）当地传统住居和生产方式是在武夷山地方信仰和观念指导下进行的实践，譬如山环水抱营居的山水观念，重文、重农的家族观念等。如当地村有"文峰"才能算地灵人杰。曹墩村的"文峰"就是笔架山。传统生计也成为山水审美的对象。例如，对于逆水行舟寻源的游人来说，经历了曲曲各异的景致，忽然"阅尽到平川"，见曹墩、星村的一派田园农舍、鸡犬桑麻、棋盘稻田景象，仿佛置身桃源，脱离凡尘，甚至让人悟到何为"归真""升真"。也形成了在九曲端头灵峰之上凭栏眺望溪源平川这种体验模式。这种审美感悟和体验也反过来影响了道人隐士等的生产生活方式及其居所的修建方式。再如，武夷山的岩茶也融入文人隐士的生活当中，和审美活动结合在一起。

（4）武夷山拥有一水九萦回、千峰郁岩嵘的碧水丹山之景。山水奇秀清幽，却又每曲境异。倘若"舟以寸进"慢慢地"杭溪而上"，从一曲幔亭亘立引人入境，到九曲眼界忽开见禾黍平川让人仿佛置身世外桃源，总体是从

"翳郁之境"通向"旷达之境"。这些山水实景还和神话幻象融合在一起，并且在"含道应物"的观念下，又充满理学涵义。整个寻源探幽的"逆流行舟"过程如同仙游一般，景色应接不暇甚至劳人耳目，不仅充满吟味之乐，可探奇尽兴，奇傲养真；还可让人体会到"群动（云雨变换、流水朝夕等）以静心"的恬淡渊默；更仿佛一条从修禅问道到归真顿悟的进道次序。结合时而"停舟登高"壮怀逸气，"亭中静观"让人定中发慧、灵思飞跃，"平览凝眺"冲澹胸怀，最终达到一种仿佛脱离尘嚣、物我互渗的妙契自然的境界，正是所谓的"升真""归真"。在这样的情感、思想观念下，武夷山亭子、精舍等的修建，崖壁的诗刻也是为了更加烘托出场景的气氛。后人再看时，有了更丰富的景致层次和更大的时间跨度感，更易感怀。

　　整体性研究的结果与《武夷山国家级风景名胜区总体规划（2000-2010）》中的风景资源分类（表6-11）相比较，区别在于：武夷山风景名胜区案例再次验证了整体性研究可以加深对各要素间相互联系的认识。而现有的风景资源分类主要是针对单要素的认知。例如，整体性研究认识到了连续的九曲景致、体验方式、情感思想之间的关系。

武夷山风景资源分类表　　　　　　　　　　　　　　　　　　　　　　　表6-11

分类序号	大类	中类	小类
1	自然旅游资源	地文景观类	标准地层、生物化石点、名山、象形石、典型地质、自然灾变遗址、蚀余、洞穴
2		水域风光类	风景河段、漂流河段、瀑布、泉
3		生物景观类	树林、古树名木、奇花异草、野生动物
4	人文旅游资源	古迹与建筑类	人类文化遗址、社会文化遗址、古城遗址、宗教殿堂、楼阁、牌坊、碑碣、建筑小品、园林、景观建筑、桥、陵寝、墓、架壑船棺、村落、乡土建筑、民俗街区、观景地
5		休闲求知健身类	朱子学堂、度假村、动物角、植物角、狩猎场、民俗、文艺
6		风物类	购物市场、岩茶、闽菜、古城遗址

资料来源：引自《武夷山国家级风景名胜区总体规划（2000-2010）》。

当然，对比过程中也发现了目前整体性研究的一些不足。其分析内容还不够全面，未能覆盖所有的资源类型。随着进一步研究的开展和与当地更多的交流，可以进一步在整体性研究这个框架下进行完善。这也说明，对于一处风景名胜区的整体性研究是一项需要不断推进的持续性工作。

综上，整体性研究既注重完善对风景名胜区自然人文系统的认识，还注重对这一系统所具有的内在精神的挖掘，引导风景名胜区的保护从"要素"提升到"整体"、从重"物质"扩展到"精神"、从"固化"走向"动态"。

6.3 武夷山风景名胜区整体价值分析

6.3.1 价值重要性分析

（1）具有的内在价值

武夷山风景名胜区的整体性及整体价值是具有内在价值的，应当得到规划师、保护管理者、专家以及经营者等的认可，有权保持不变，不可被整体价值中涉及的主体之外的外界人士随意干预。譬如，对于当地人具有的"文峰"观念及在这一观念下形成的"文峰－村落的聚落形态"，规划师、管理者等首先应以旁观者的身份进行观察和记录，谨慎采取经济干预、政策干预等保护措施，同时也要避免过度展示使得这种传统观念彻底的舞台化、形式化。

（2）具有的突出性

在认可整体性及整体价值具有内在价值的基础上，逐条分析武夷山风景名胜区整体价值具有的突出性。

① 武夷山丹霞地貌区域可以提供复杂多样的生境类型，是潜在的珍稀濒危特有种避难所，拥有活跃的特有种分化形成过程，具有潜在的生物多样性。武夷山风景名胜区关于这一点的定量数据是缺乏的，目前无法判断是否具有国家、区域或地方突出性。根据中国自然地理区划（全国农业区划委员会，1984），武夷山风景名胜区位于"东部季风区域"中的"中亚热带"的

"江南山地区"。丹霞山、赤水、泰宁、崀山、龙虎山、江郎山这 6 处被列入"中国丹霞"世界遗产的丹霞地貌也都位于中亚热带，其中，江郎山、泰宁、丹霞山、崀山同样位于中亚热带中的江南山地区。因此，未来在研究基础资料补充之后，如果武夷山风景名胜区与江郎山、泰宁、丹霞山、崀山相比较，生物多样性具有突出性，则其具有地方突出性；如与 6 处被列入"中国丹霞"世界遗产比较具有突出性，则其具有区域突出性。

　　② 当地在适应这种"小尺度范围内高度多样化"的自然环境下，形成了多样的聚落形态和独特的"以茶代耕"的生产方式。依据我国文化地理分区，武夷山风景名胜区位于"东部农业文化区"中的"中国传统农业文化亚区"中的"台湾海峡两岸文化副区"。经过比较，当地独特的"以茶代耕"的生产方式在我国的丹霞地貌中是罕见的，具有国家突出性。而当地多样的聚落形态在武夷山当地是比较常见的。整个闽北丘陵地貌为主，只有狭小的平原和山间发育的大小盆地。武夷山地区规模较大的古村落都依山临水而建，主要位于溪流冲击出的平原中或者小盆地里。因此这种聚落形态并不具有地方突出性。

　　③ 当地山环水抱营居的"风水观念""文峰"等与自然相关的精神观念延续至今，并且传统的村落田园景致（尤其是九曲溪尽的禾黍平川）成为传统经典的山水审美对象。经过比较，"文峰"观念在当地是普遍存在的，但像曹墩村这样同时体现了"文峰"观念等的村落并不多。因而从这一角度，曹墩村对当地自然相关的精神观念的体现是具有地方突出性的。此外，传统的村落田园景致成为经典的山水审美对象在我国丹霞地貌中是少见的，具有国家突出性。

　　④ 武夷山风景名胜区是探幽寻源、避尘祛俗的体验圣地。比较发现，尽管龙虎山有泸溪河，丹霞山有锦江，崀山有夫夷江，并且也都有文人墨客在溪流崖壁上留下诗刻。但像九曲溪这样，每曲各异的景被如此充分地挖掘，并被赋予不同的情感内涵，且整体的探幽寻源过程又与进道秩序联系在一起，在我国丹霞山水中是不多见的，是具有典范性的，因而具有国家突出性。

　　综上识别出的具有突出性的整体价值应当得到颂扬。对于具有国家突出性的整体价值，应当通过恰当的方式，对国民进行展示并提供体验的机会。对于具有区域突出性的整体价值，应当至少对这一区域的人群进行展示并提供体验的机会。最后对于具有地方突出性的整体价值，应当至少对地方人群进行展示并提供体验的机会。

（3）对其他突出价值的支撑和培育作用

根据世界遗产委员会对武夷山列入世界遗产的决议，武夷山世界遗产地具有的突出普遍价值如表 6-12 所示。其中，标准 iii、标准 vi 和标准 vii 内容与武夷山风景名胜区紧密相关。

武夷山风景名胜区整体价值对于这三条世界遗产突出普遍价值的支撑和培育作用体现在：

① 武夷山水培育了理学、道家、佛禅等诸多思想，而标准 vi 中的以朱熹为代表的理学学说是其中之一。标准 iii 中的 "11 世纪的新儒学（理学）相关的庙宇和书院" 是理学发展和对武夷山水认知下的实践结果。尽管这些已经产生的结果已不再依赖整体价值的支撑而存在，但武夷山水仍然可继续作为思想的 "源泉地"，持续培育更多的情感、观念和思想。

② 标准 vii 中提到武夷山风景名胜区的风景价值极为突出。这一风景价值的维持依赖于背后的整个自然系统，还依赖于古代游人对部分自然特性的选择性突出和体验方式的发掘。例如，古老的崖壁栈道在此处形成了十分重要的空间维度，能够使游客以鸟瞰的视角欣赏到整条河流。这正是古代游人所挖掘出来的一种体验方式，并通过这一体验方式呈现给人别样的风景。其他还有前文中提到的每曲各异的景致和 "杭溪而上" 体验方式、"亭中坐观山水" 的体验方式等。一方面，我们现代人需要从这样经典的体验方式中去感受风景价值；另一方面，还可以发掘更好地呈现风景价值的体验方式。这样，发挥整体价值对风景价值的支撑和培育作用。

武夷山世界自然与文化混合遗产的突出普遍价值　　　　　　　　　　　表 6-12

标准		突出普遍价值描述	主要区域
文化遗产标准	标准 iii	武夷山是一处被保护超过 1200 多年的绝美景观，它包含了一系列特别的考古遗址，包括公元前 1 世纪建立的汉城、一系列与诞生于 11 世纪的新儒学（理学）相关的庙宇和书院	武夷山风景名胜区和古汉城遗址
	标准 vi	武夷山是新儒学（理学）的发源地。新儒学（理学）的学说在东亚和东南亚的国家产生了持续几个世纪的重要且明显的影响，也影响了世界许多地区的哲学和政治	武夷山风景名胜区

标准		突出普遍价值描述	主要区域
自然遗产标准	标准 vii	在东部风景区内，九曲溪（下游河谷）一带拥有着壮观的自然地貌，风景价值极为突出，裸露的红色岩石鳞次栉比，它们矗立在河床之上，高达 200～400m，共同构成了这 10km 河曲的天际线。古老的崖壁栈道在此处形成了十分重要的空间维度，能够使游客以鸟瞰的视角欣赏到整条河流	武夷山风景名胜区
	标准 x	武夷山是世界上最突出的亚热带森林之一，这里拥有最大规模且最具代表性的原始森林，类型包括中国亚热带森林和中国南方热带雨林，同时具有很高的植物多样性。武夷山的作用就像是远古遗留植物种的庇护所，它们之中大多数为中国独有，并且在全国范围内也十分稀少。另外，这里还拥有极其丰富的动物种资源，包括相当数量的爬行动物、两栖动物和昆虫	武夷山自然保护区

资料来源：曹越等翻译自世界遗产官方网站，http://whc.unesco.org/en/list/911。

6.3.2　武夷山风景名胜区整体价值陈述

武夷山风景名胜区整体价值如图 6-11 所示。武夷山风景名胜区整体价值陈述如下：

武夷山风景名胜区的整体价值包括系统价值和精神价值两个方面。

系统价值包括：（1）武夷山丹霞地貌区域可以提供复杂多样的生境类型，是潜在的珍稀濒危特有种避难所，拥有活跃的特有种分化形成过程，其潜在的生物多样性可能是具有地方突出性的；（2）此外，当地在适应这种"小尺度范围内高度多样化"的自然环境下，形成了多样的聚落形态和独特的生产方式。在聚落形态方面，或于宽谷平川、山环水抱处修建规模较大的村落，或在狭隙之地零散布置村舍，这在当地是普遍存在的。在生产方式方面，利用不同的自然条件，培育出了品种多样的茶叶，尤其在当地土壤贫瘠的杂石地貌环境下形成了"以种茶代耕"的生产方式，这反映出武夷山当地人的人居智慧，并且在我国的丹霞地貌中是罕见的，具有国家突出性；（3）当地山环水抱营居的"文峰"等与自然相关的精神观念延续至今，依然影响着当地的聚落营造。尤其是曹墩村比较完整地体现了"文峰"等当地传统精神观念，具有地方突出性。而传统的村落田园景致（尤其是九曲溪尽的

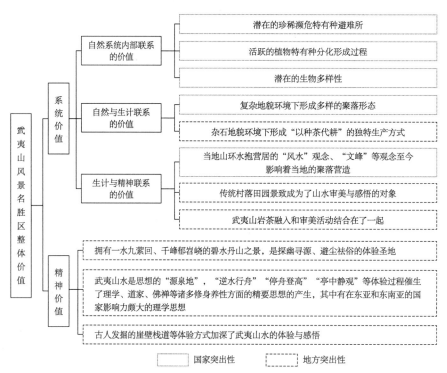

图 6-11　武夷山风景名胜区整体价值

禾黍平川）也成为传统经典的山水审美与感悟的对象；武夷山的岩茶也融入文人隐士的生活当中，和审美活动结合在一起。这在我国丹霞地貌中是少见的，具有国家突出性。

精神价值是指：武夷山风景名胜区拥有一水九萦回、千峰郁岩峣的碧水丹山之景。山水奇秀清幽，却又每曲境异。整个寻源探幽的"逆流行舟"的过程不仅充满吟味之乐，更仿佛一条从修禅问道到归真顿悟的进道次序。还可结合时而"停舟登高"壮怀逸气，"亭中静观"让人定中发慧、灵思飞跃，"平览凝眺"冲澹胸怀等体验方式。武夷山风景名胜区也成为探幽寻源、避尘祛俗的体验圣地。并且这些体验过程催生了理学、道家、佛禅等诸多修身养性方面的精要思想的产生，其中有在东亚和东南亚的国家影响力颇大的理学思想。武夷山水可谓是思想的"源泉地"。同时，这些体验方式也使得武夷山风景名胜区的风景价值得以充分发掘。武夷山风景名胜区的风景价值极为突出不仅是因为自然形成和发育的丹霞地貌，还有赖于古代游人对部分自然特性的选择性突出和体验方式的发掘。这些精神价值在我国丹霞山水中是具有典范性的，具有国家突出性。

从这一段分析中可以看出武夷山整体价值与泰山整体价值有所不同。尤其在精神意义方面，每一处风景名胜区在悠久历史中被赋予的精神是不同的。武夷山风景名胜区主要是探幽寻源、避尘祛俗的体验圣地。而泰山风景名胜区主要是崇高体验感悟的圣地，更多触发的是家国情怀、"天地人"的宇宙观这一类思想。并且触发这些情感思想的体验方式和过程也有所不同。武夷山独特的体验方式是"杭溪寻源"与"停舟登高""亭中静观"的结合。而泰山独特的体验方式是"远望"、在"石磴萦回"感受"迂回不知路"、最终登顶"一览众山小"。泰山和武夷山的相似之处在于，均发现了有序列感的体验过程，如在武夷山的"一曲到九曲"，在泰山的"远望，然后登临一天门、二天门到南天门"，这种序列感引导游人情感和思想的层层深入。

6.4　武夷山风景名胜区整体价值保护

6.4.1　保护对象新增

依据《武夷山风景名胜区总体规划（2000-2010）》中的"保护培育规划专项"，武夷山风景名胜区的保护对象是风景资源。其风景资源分类见表 6-11。基于武夷山风景名胜区整体价值陈述，新增保护对象如下：

（1）增加驱动因素类保护对象，包括：丹霞地貌形成和发育的自然条件；宽谷平川与狭隙之地兼有的复杂多样的地貌和气候条件；山环水抱营居的山水观念，重文、重农的家族观念等地方观念；奇秀清幽的碧水丹山；持有逸情山水、行仁、修行顿悟等思想观念的文化群体、每曲境异的风景特征。

（2）增加过程类保护对象，包括：特有种分化形成过程；岩茶种植等传统生产生活活动；融合岩茶的山水审美活动；"杭溪而上"的体验过程，"停舟登高""亭中静观""平览凝眺"等体验方式。

（3）增加部分结果类对象，包括：潜在的生物多样性；多样的聚落形态

（或于宽谷平川、山环水抱处修建规模较大的村落，或在狭隙之地零散布置村舍）和独特的生产方式（尤其是"以种茶代耕"的生产方式）；体现山环水抱营居"文峰"观念的曹墩村及其周边自然环境；传统的村落田园景致以及岩茶景致。

综上，相较于《风景名胜总体规划》的主要保护对象为结果性的景源要素，研究主要增加了驱动因素类、过程类的保护对象，以及部分目前缺失的结果类保护对象。

6.4.2　保护问题分析

这里主要分析上节中新增保护对象的保护所面临的问题。归纳主要以下3个方面。

（1）部分新增保护对象分布、数量、规模或具体内容不清

新增的保护对象中，对于不少保护对象的分布、数量、规模或具体内容仍然是不清楚的。例如，丹霞地貌形成和发育的自然条件、特有种分化形成过程究竟包括哪些，还需要进一步研究、分析和归纳。再如，最能突出武夷山风景价值的"停舟登高""亭中静观""平览凝眺"的具体点位和数量不清。再者，持有山环水抱营居"风水观念"，重文、重农的家族观念、谷神崇拜等地方观念的群体以及持有逸情山水、行仁、修行顿悟等思想观念的文化群体的大致规模和分布也是不清楚的。基础数据的不清楚不利于新增保护对象的保护，也不利于保护"涌现"的整体价值。

（2）"杭溪而上"的体验方式等过程类保护对象的实际缺失

慢慢地"杭溪而上"方可充分感受到武夷山风景名胜区的风景价值。这样的体验过程对于风景名胜区精神价值的发挥也是至关重要的。风景名胜区应当提供这样的体验机会，保证体验过程类保护对象的实际存在。但当下，"杭溪而上"这一传统体验方式不但已经完全被顺流而下的快速舟游方式取代，而且还受到诸多干扰，比如，电动船的马达运转噪声非常大，影响了寻源探幽体验的氛围和深度。风景名胜区精神价值的发挥和延续也受到影响。

（3）对岩茶种植扩张和村落建设加快的影响评估不足

近数十年来，由于旅游和经济的快速发展，风景名胜区内的岩茶种植规模增长迅速。尽管近年来已经得到有效控制，但是对于扩张之后的岩茶种植就究竟对生态、审美带来了哪些影响，目前认识是不清楚的。此外，在实地调研中发现，曹墩村等村落建筑新增的速度也是比较快的。岩茶种植、曹墩村的田园景致本身是在当地的自然环境下形成的，在根上是与自然环境相和谐的，这种和谐也使得其成为武夷山水审美对象的组成。但是，现在由于大环境的改变，岩茶种植、曹墩村的田园景致也在发生改变，不仅可能失去一些与自然和谐的关系，甚至可能反过来对山水审美造成干扰。在决定是否干预这种些变化之前，管理者首先需要做的是对这些变化进行详细的记录、监测和影响评估。目前，这些内容基本是缺失的。

6.4.3　保护策略制定

针对上一小节中提出的问题，本书制定如下保护策略：

（1）清查新增保护对象的分布、数量、规模或具体内容

全面清查所有新增保护对象的分布、数量、规模和具体内容。清查过程中，对于不同的保护对象，清查手段有所不同。对于清查"停舟登高""亭中静观""平览凝眺"点位的分布和数量，主要基于古代图文以及现状地形、风景特征等空间数据的分析。对于清查持有山环水抱营居重文、重农的家族观念、地方观念的群体以及持有逸情山水、行仁、修行顿悟等思想观念的文化群体的大致规模和分布，主要通过社会调查。对于清查丹霞地貌形成和发育的自然条件、特有种分化形成过程机制，主要通过科学研究的开展。

（2）新增寻源探幽体验感悟线路

为希望寻求人生领悟、美的感悟、艺术创作灵感等深度体验的游人，提供"杭溪而上"的体验机会，结合设置"停舟登高""亭中静观""平览凝眺"等体验线路和点位。并保证寻源探幽的体验氛围不受人工噪声等的干扰。通过这些线路的设置，希望可以更好地发挥风景名胜区的精神价值，让人感受到赋予武夷山水中的内在精神、逸情的同时，触发一些精要的思想的产生。新增寻源探幽以及停舟登高的具体线路，需要在进一步考证古代游线的基础上确定。

（3）调整已有风景名胜区总体规划中的外围保护地带范围

根据整体性研究，九曲溪尽的曹墩平川是完整九曲山水审美的重要组成部分。并且形成了在九曲尽头的灵峰（九曲端头的第一峰）之上凭栏眺望禾黍平川的审美习惯。因此，研究建议将现位于风景名胜区之外的曹墩村以及在灵峰上眺望的主要景致分布区域划入风景名胜区的外围保护地带，促进对九曲溪游览序列的完整保护。新增外围保护地带部分的边界划定需要依据视觉敏感度分析、视域分析等进行确定。

（4）记录岩茶种植、村落建设变化并评估其影响

通过定点拍照、航拍、测量等方式，每年记录武夷山风景名胜区岩茶种植面积、村落建设的变化情况，分析这些变化发生的背后机制，并评估这些变化对于审美、生态的影响。必要时，采取经济补偿、技术提升等引导性措施，对变化发生的背后机制进行干预。

6.5　小结

本章以武夷山风景名胜区为例，系统地实践了风景名胜区整体价值识别与保护理论框架。

首先，基于理论构建阶段提出的整体性研究的4个层面内容，主要通过古诗分析和地方志分析，得到武夷山风景名胜区的整体性描述。并与现有风景名胜区总体规划中的资源分类进行比较，得到主要区别在于：整体性研究发现更多要素间联系；增加了对主体精神观念、主体体验过程以及自然特性之间关系的关注，如强调"杭溪而上"的九曲泛舟等体验方式，而不是只关注景源要素。进而基于整体性研究，对武夷山风景名胜区系统功能和精神意义进行归纳，并从内在价值、突出性、对其他突出价值的支撑和培育作用3个方面分析这些系统功能和精神意义的重要性，并提供武夷山风景名胜区的整体价值陈述。

其次，在整体价值保护方面，新增加了多项保护对象。并分析这些保护对象面临的问题，提出4条保护策略，包括：清查新增保护对象的分布、数量、规模或具体内容；新增寻源探幽体验感悟线路；调整已有风景名胜区总体规划中的外围保护地带范围；记录岩茶种植、村落建设变化并评估其影响。

　　总体而言，武夷山案例实践证明整体价值识别与保护理论框架的可操作性，并且通过整体价值识别与保护理论框架，引入新的视角，发现以前被忽视的各种联系、系统活力与精神意义以及保护对象。进而对现有的保护和利用措施提出综合的调整建议。案例实践中也发现，整体价值的识别主体并不是在最开始就完全确定的，而是随着整体价值分析的不断深入，才找到这些与风景名胜区自然系统长期共存，并融合渗透的生计和精神文化的主体。基于这一反馈，对已有整体价值识别程序进行了修正。

第 7 章 ——— 结论与展望

当今，不少风景名胜区自然人文系统的"支离破碎"以及精神价值的"跌落"已经成为当下风景名胜区保护管理必须要应对的难题。本书对风景名胜区资源评价过程进行改进，尝试从理念和技术角度出发完善风景名胜区系统认知，并找回其精神价值。

价值识别是风景名胜区保护管理的基石。目前，风景名胜区价值识别存在 4 种主要思路：传统的景源评价、直接采用世界遗产突出普遍价值识别思路和标准、采用新构建以价值分类为主的价值识别体系、完全依据经验得到风景名胜区的价值。这 4 种思路尽管取得了诸多成果，但在解决"完善风景名胜区系统认知并找回精神价值"这一问题上是有局限性的。首先，就"景源"保护"景源"的方式下，不仅忽视了精神价值，并且对要素间联系、甚至要素本身的认识也尚不全面。其次，突出普遍价值识别思路和标准最终关注的是一些突出的、局部的价值点，并且往往侧重对物质结果的价值识别，并不能覆盖完整的风景名胜区价值识别。再者，不断还原、拆分的价值分类可能会使我们陷入不断细分的局面，难以拼凑出对风景名胜区的完整认知。并且，目前构建的价值分类中也几乎没有提及精神价值。最后，完全凭规划师个人经验提出风景名胜区价值这一过程中的偶然性和随机性比较大，很可能会遗漏掉一些价值点。

本书认为适宜风景名胜区的价值思路应当以风景名胜区的核心资源特性为出发点。本研究紧扣住风景名胜区的整体性特质，从这一切入点出发，主要运用定性的综合微观分析法、比较研究法，提出适宜风景名胜区整体性特质的价值识别思路和保护策略。

研究通过对泰山风景名胜区存在的"中华五岳—东岳泰山—岱阳和岱阴—（岱阳的）岱顶、登山中路和岱庙"各个层次构成的分析，以及五台山风景名胜区存在的"佛教四大名山—五台山—五台与台怀镇"各个层次构成的分析，认识到传统风景名胜对于关系和精神的强调无处不在。如果在对风景名胜区的认知过程中，忽视了关系和精神因素，理解到的风景名胜区价值将大大降低。如在泰山风景名胜区，泰山的蒿里山被城市建设侵蚀。在现有的景源评价体系下，对蒿里山的破坏只是少了数百个景源中的一个。然而从精神意义的角度，对蒿里山地破坏影响了东岳泰山完整的封禅意义。

本书抓住这个特点进一步剖析。借用了中国古代文化中的"形""神"这一对范畴，提出了风景名胜区整体的构成包括"形"和"神"两个方面。所谓风景名胜区的"形"，是指风景名胜区的物质实体，由风景名胜区自然人文系统中各要素及其相互间关系构成。所谓风景名胜区的"神"，是指人与自然交融过程中赋予风景名胜区的内在精神。我国传统山水文化中对于"形"和"神"的认知并不是截然二分的，体现在以下 3 个方面：（1）在认知对象上，体现为实景与理想之境的高度"交融"。（2）在认知途径上，体现为强调对"形"的"体验感悟"。（3）最终在认知结果上，追求甚至达到了超越人与自然事实性分离的精神性"合一"。并在借鉴西方自然整体性认识的基础上，提出了风景名胜区整体性（Wholeness）是指在风景名胜区自然人文系统中各要素相互联系、相互制约、相互渗透、甚至共同升华结晶，并在人的精神层面合为一体这一特点，包括自然要素间的相互联系、自然与生计的相互制约、生计与精神的相互渗透、自然与精神的升华结晶共 4 个层面。

基于风景名胜区是"形""神"兼备的整体这一认识，对风景名胜区现有价值识别实践存在的不足进行再认识，可以清晰地归纳为两个方面的问题：（1）对风景名胜区自然人文系统的"系统性"认识不足导致风景名胜区之"形"支离破碎；（2）忽视风景名胜区的精神价值导致风景名胜区之"神"缺失。

基于风景名胜区整体性特质的认识，研究对现有风景名胜区资源评价体系中的核心概念"景源"进行了扩展，提出了整体价值概念，强调在风景名胜区资源评价中，由"单独的景源"上升到"整体性"评价，重塑风景名胜区保护管理的基石。整体价值概念的意义在于提升现有风景名胜区资源认知、评价和保护方式。在认知上，强调应当重视根源性的系统活力和精神意义，而非结果性的景源要素。在评价上，强调价值识别以整体性研究为出发点。最后在保护上，强调保护整体价值的维持机制，而不是直接干预结果性的景源要素。整体价值与内在价值的关系在于，风景名胜区的整体价值是从内在价值视角出发，即一旦风景名胜区的整体性和整体价值被发现，即应当被尊重和认可。整体价值与突出价值的关系在于，突出价值是风景名胜区整体价值的部分显现，而风景名胜区整体价值对于突出价值有着支撑和培育作用。

在整体概念的基础上，研究进而提出整体价值识别的思路、内容与方法、程序。整体价值识别思路是以整体性研究为出发点，再进行价值分析。而世界遗产突出普遍价值识别思路是先进行突出价值分析，再进行完整性分析。研究提出整体价值识别包括整体性研究和整体价值分析两大阶段。此

　　外，区分于以往景源保护理念下对结果类保护对象的重视，本书尝试提出风景名胜区整体价值保护对象包括驱动因素、过程、结果 3 大类。在现有风景名胜区一般保护对象基础上，主要增加了主体精神观念、主体体验过程、传统生产生活活动等驱动因素类和过程类保护对象。研究认为，整体价值是"涌现"出来的，应当保护或者创造"涌现"的条件来保护整体价值。因而，通过保护驱动因素、保障各种过程得以顺利发生、保护已经产生的实践结果，并且三者不断循环促进，整体价值可能就会在这三者的循环运转过程中"涌现"出来。只有通过这样全过程的保护，才能使风景名胜区的系统活力和精神意义得以延续。

　　最后，在武夷山风景名胜区案例实践中，从个案层面，分析了整体保护存在的问题，并提出了对武夷山风景名胜区现状分区、保护措施和游赏利用方式等方面的调整。

　　然而，本书的研究仍具有明显的局限性。从"景源评价"上升到"整体性"评价是一个从微观到宏观的转变。整体性研究涉及的知识内容十分广泛，涉及了生态学、地质学、人文地理学、社会学等各个领域。风景名胜区整体性研究涉及内容及所需资料繁多，仍需要更多的实践与理论反馈。需要结合更多实际案例的剖析和应用，进一步发现"整体性评价"与"整体价值识别"这一一般性基础理论在具体实践中存在的差异性，以及形成这种差异性背后的各种因子及权重。此外，整体价值分析中的公众参与程度明显不足。尽管存在以上不足，笔者坚信，推动风景名胜区走向针对关系的、整体的保护是值得努力的方向，既将延续我国风景名胜区的精髓，亦能使风景名胜区在当下生态文明与精神文明建设中发挥更多的作用。

Appendix A 　　附录 A ——　　风景名胜区到访意愿问卷调查

　　风景名胜区从历史上以精神活动为主的场所转变成了当下以经济活动的场所。本次问卷调查的目的是初步了解大众对于这一转变的态度，以及对更深入地体验感悟风景名胜区的必要性的认识。问卷调查主要针对从事风景园林、建筑和城市规划专业的人群。未来，可增大对该群体问卷调查的数量，并进一步扩展到其他群体。问卷设计借助了问卷星平台。问卷主要通过微信、腾讯等通信软件向笔者周边从事风景园林、建筑和城市规划专业的人群进行发放。发放时间为 2016 年 6 月 3 日至 6 月 8 日，共收到 293 份答卷。

　　调查问卷一共包括 9 道题目，详细问卷内容及各题结果统计如下：

第 1 题　您认为"风景名胜区"和"旅游景区"是一样的吗？[单选题]

选项	小计	比例	
一样	64		21.8%
不一样	229		78.2%
本题有效填写人次	293		

第 2 题　您常去风景名胜区吗？[单选题]

选项	小计	比例	
经常去，大概每年一次以上	43		14.7%
偶尔去	218		74.4%
几乎不去	32		10.9%
本题有效填写人次	293		

第 3 题　您去风景名胜区的初衷是：[多选题，最多 3 个]（如果第 2 题中选择了第 1、2 选项，需填写本题）

选项	小计	比例	
热爱大自然，领略不同的风景	190		72.8%
和家人朋友一起休闲放松	189		72.4%
想去有名气的地方看看	106		40.6%
寻找人生意义	20		7.7%
祈福	7		2.7%
寻找艺术创作灵感	19		7.3%
工作性质决定会去	44		16.9%
其他	3		1.1%
本题有效填写人次	261		

第 4 题　您在去了风景名胜区之后，一般会感到自己的初衷被满足吗? [单选题] (如果第 2 题中选择了第 1、2 选项，需填写本题)

选项	小计	比例	
大多数能	76		29.1%
各占一半，有时候有，有时候没有	155		59.4%
大多数不能，经常感到失望	30		11.5%
本题有效填写人次	261		

第 5 题　您感到失望(或者初衷未被满足)的最主要的三个原因是: [多选题] (如果第 4 题中选择了第 2、3 选项，需填写本题)

选项	小计	比例	
人太多，太拥挤嘈杂	169		91.4%
太花钱	48		25.9%
商业氛围太浓	156		84.3%
看景点，拍照，感觉没意思	54		29.2%
游线安排太紧，没时间好好看	46		24.9%
导游解说、介绍没意思	22		11.9%
其他	14		7.6%
本题有效填写人次	185		

第 6 题　您不去风景名胜区的主要原因是: [多选题，最多 3 个] (如果第 2 题中选择了第 3 选项，需填写本题)

选项	小计	比例	
人太多，太嘈杂拥挤	23		71.9%
花钱太多	8		25.0%
商业氛围太浓	14		43.8%
看景点、拍照的方式感觉没意思	11		34.4%
游线安排太紧，没时间好好看	5		15.6%
导游解说、介绍没意思	5		15.6%
其他	5		15.6%
本题有效填写人次	32		

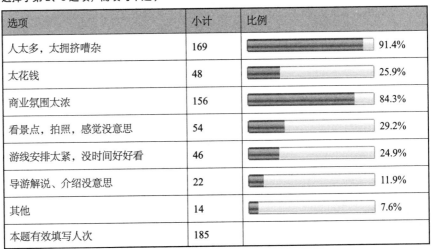

第7题　如果提供了能够慢慢地、安静地、深入地体验感悟风景名胜区的机会，您认为是否是必要的?〔单选题〕

选项	小计	比例	
非常必要，觉得自己的生活中非常需要这样的机会	215		73.4%
有更好，没有也没什么关系	75		25.6%
没什么必要	3		1.0%
本题有效填写人次	293		

第8题　您为了获得这样深入的体验机会，愿意在下列哪方面有所付出:〔多选题〕（依赖于第7题的第1、2个选项）

选项	小计	比例	
付出更多的时间	200		69.0%
花费更多的钱	110		37.9%
消耗更多的体力，接受不便利的交通，比如没有索道、机动车交通	142		49.0%
其他	6		2.1%
上述都不愿意	26		9.0%
本题有效填写人次	290		

第9题　您对风景名胜区保护管理的了解程度是:〔单选题〕

选项	小计	比例	
非常了解，并且从事过风景名胜区相关规划、设计、管理工作	28		9.6%
有一定了解	118		40.3%
不了解	147		50.2%
本题有效填写人次	293		

　　以上可见，在本次问卷调查填写人群中，有21.8%的人认为"风景名胜区"和"旅游景区"是一样的。这反映出风景名胜区"保护优先"的特点并未被充分认识，没有与以利用和经济活动为主的"旅游景区"概念明确区分开来。在到访意愿方面，绝大多数人（89.1%）人表示会去风景名胜区。其中，仅有29.1%的人表示在去了风景名胜区之后，能感到自己的初衷被满足。11.5%的人表示大多数不能被满足，并且经常感到失望不满意。不满

意的原因排在前三位的有：人太多，太拥挤嘈杂（91.4%）；商业氛围太浓（84.3%）；看景点，拍照，感觉没意思（29.2%）。

需要值得注意的是，在所有表示愿意去风景名胜区的人中，有7.7%的人选择了去风景名胜区的初衷是"寻找人生意义"、7.3%的人选择了"寻找艺术创作灵感"，2.7%的人选择了"祈福"。这些初衷都是以追求精神活动为主的。这类人群总计占到了16.5%。

最后，对于"是否需要提供慢慢地、安静地、深入地体验感悟风景名胜区的机会"，73.4%的认为是"非常必要的"，25.6%表示"有更好，没有也没什么关系"；仅有1%的认为"完全没有必要"。并且在认为有一定必要的人群中，69%的人愿意付出更多的时间，49%的人选择了愿意消耗更多的体力、接受不便利的交通；37.9%的人愿意花费更多的钱。这进一步说明，在风景名胜区提供更深的体验感悟的机会是有必要的。

本次问卷调查是针对规划设计人群开展的风景名胜区到访意愿的初步调查。内容涉及了到访意愿、游客满意度和建议多个方面。首次调查内容的丰富度对于建立起宏观的认识是有意义的。但未来，需要进一步紧扣风景名胜区精神价值找回的必要性以及精神活动的需求进行调查。同样，也还需要对规划设计人群进行更大样本的问卷调查，并结合重点对象的访谈。并且逐步扩展到其他更多样的群体。最后，感谢所有问卷填写的人员对本研究的支持和配合。

附录 B —— 基于泰山登览古诗的
人与自然精神联系分析过程

本附表用是对"泰山风景名胜区自然与精神的升华结晶过程"的分析，结论见正文第 4.3.5.1 节。

泰山登览古诗中对自然特性和情感的描述分析　　　　　　　　　　　　　　表 B-1

朝代	编号	古诗名称	作者	泰山主要特征描述及联想的情境	主要体验内容	主要思想
周	1	丘陵歌	孔子	泰山主峰脚下的"丘陵崛巍"，引发了"仁道在迩，求之若远"的感慨，感慨行仁之艰难	丘陵与主峰的对比	行仁之说
汉	2	四思	张衡	提到"泰山支脉艰险"，在艰险的丘陵对比下，泰山似近非近，让人神往	同上	敬畏泰山
魏	3	飞龙篇	曹植	泰山"云雾窈窕"，有道家仙人居住	仙境	"求仙思想"
魏	4	驱车篇	曹植	泰山"隆高贯云"，有"醴泉""玉石"，所谓"神哉"。望"吴野"、观"日精"，感慨王者变迁，更生求仙之意	望观天下	"求仙思想"
魏	5	仙人篇	曹植	—	—	"求仙思想"
晋	6	泰山吟	陆机	泰山之高"迢迢"至天庭。泰山是神灵之长，周边群山幽岑"延万鬼""集百灵"在泰山一侧长吟	丘陵、泰山主山、天庭	"鬼神之说"，三重空间
晋	7	泰山吟	王凝之妻谢氏	泰山既有"冲天"之势，又有"玄幽"的庙宇，一切发自自然。感慨人也不应受"器象"过多牵动	庙宇与泰山的和谐	回归自然
唐	8	泰山吟	李白	过"万壑""涧谷"，绕"碧峰""青苔"，听"飞流""松声""笙歌"、眺"倾崖"、望"蓬莱"，"登高""长啸"，清风徐来，偶遇仙人，看日出"天地间"，黄河"入远山"，窥"海色"	仙境	弃世、"学仙"思想
唐	9	送范山人归泰山	李白	—	—	"求仙思想"
唐	10	望岳	杜甫	泰山之高，"阴阳割昏晓"；登至"绝顶"，"一览众山小"	望观天下	登高雄心
唐	11	送东岳张炼师	刘禹锡			"求仙思想"
唐	12	隽州遥叙封禅	李义府	—	—	借古伤怀
唐	13	奉和展礼岱宗	萧楚才	描述展礼岱宗的场面	—	祭祀思想

续表

朝代	编号	古诗名称	作者	泰山主要特征描述及联想的情境	主要体验内容	主要思想
唐	14	奉和展礼岱宗	靳克构	描述展礼岱宗的场面	—	祭祀思想
	15	登封大餔歌	卢照邻	描述了"仙云随风""碧雪照衣""繁玄绮席""妙舞清歌"的场景	—	"仙乐之境"
	16	书王母池	吕洞宾	—	—	感慨时光之逝
	17	再书王母池	吕洞宾	—	—	感慨时光之逝
	18	日观峰赋	丁春泽	日观峰"接天路""临晓日",描述了在日观峰观日出的场景,感慨白昼之苦短	日出场景	感慨时光,长生思想
宋	19	泰山吟	谢灵运	岱宗之秀、崔崒及其封禅意义	—	崇敬泰山
	20	吕公洞	范致冲	仙人四处漫游之景	—	"求仙思想"
	21	竹林寺	范致冲	晚春时节,探访竹林深处的招提(民间自建寺庙)	寺庙清幽之境	佛教避世思想
	22	日观峰	范致冲	日观峰高耸,感受"阳乌"之浴	日出场景	感慨时光,"长生思想"
	23	游灵岩寺	苏轼	描述醉游灵岩寺的经历。黄茅岗头"醉卧""仰观茫茫白云""歌声落谷",肆意"大笑"	—	一切随性的思想
	24	登泰山日观峰	梅圣俞	日照"万物兴",日灭"万物凶",感慨自己怀才不遇	日出场景	怀才不遇之感
	25	登泰山	王钦若	"真松深隐",感慨自己怀才不遇	—	怀才不遇之感受
元	26	和元遗山呈泰山天倪布山张真人	王奕	老来"登三观""望九州"	望观天下	登高之心
	27	泰山	王奕	泰山如"辟天关""微垣"两列,位于黄河之东,有着"大展""明堂"祭祀	泰山地理位置	泰山之重
	28	茂陵封禅台	王奕	"明堂""丰碑"已荒,"人世已非"	祭祀遗址	感慨时光之逝
	29	汉柏	王奕	"肤剥心枯",仍在列风中有"孤高之韵",仍作"梁甫之音"	古树	遗世独立之态
	30	孙明复、石守道祠堂	王奕	理学家孙明复、石守道在泰山讲学	祠堂	纪念泰山讲学之人

朝代	编号	古诗名称	作者	泰山主要特征描述及联想的情境	主要体验内容	主要思想
元	31	天门铭	杜仁杰	描述张炼师在天门构建室宇之过程	人工构筑	安世之思
	32	题李白泰山观日出图	段辅	在"山人相从"的泰山,"日出沧海"之景	日出场景	"求仙思想"
	33	登岳	张养浩	脱离"井处""巢居"之隘,"满空笙鹤"	望观天下	去隘见宽的感受
	34	纪梦	徐世隆	—		"求仙思想"
	35	送天倪子还泰山	徐世隆	泰山是"洞天福地""神府仙闾",有灵药、美酒、芳茶,是隐居的好去处	仙境	隐逸思想
	36	登岳	元好问	泰山之雄,感慨造化之神奇。又俯仰古今,令人感伤。也有"红绿无边涯""奇探忘登顿"的惬意之感。随后观赏日出;最后,远望徂徕山,欲从李白观蓬莱	仙境;望观天下;日出场景	"求仙思想"
	37	送天倪子归布山	元好问	泰山西南的布金山"茅屋鸡犬静",也是归隐之所	周边群山	"求仙思想"
	38	汉柏	王恽	"苍柏无城拥汉陵","遗树"仍然"郁峥嵘"	古树	爱国之心
	39	题桃花峪	张志	"流水""一脉通",见到"落花红"便知道寻求的桃源已经不远	桃源之境	隐逸思想
	40	泰山喜雨	张志	—	—	—
	41	登岳	李简	泰山"三峰""与天齐","攀跻"之路"萦回百折""风噭""水声""观日出""黄河"、望"吴越山川"、窥"东海",有飞蓬瀛之心	—	隐逸思想
	42	朝觐坛	李简	昔日筑坛,如今只有青山在	祭祀遗址	感慨事物变迁
	43	酆都峪	李简	昔日尚猛虎出没的酆都峪如今荒凉不堪	—	感慨事物变迁
	44	游竹林寺	王旭	"竹林幽境""山深僧稀"	寺庙清幽之境	佛教避世思想
	45	西溪	王旭	西溪之美,"一州烟景""三面画屏",只需栽种竹	桃源之境	隐逸思想
	46	登泰山	贾鲁	看着崔嵬泰山,可远离尘嚣。但见千间遗圮,伤感至极。于是祈求神灵,恢复故宫	—	感慨战乱之劫

朝代	编号	古诗名称	作者	泰山主要特征描述及联想的情境	主要体验内容	主要思想
元	47	茌平早行望岳	曾棨	感慨造化之神。泰山岩岩，"鲁国所瞻""作镇朝百灵"，尽显定国安邦之志	丘陵与主峰之势	敬天之意；定国安邦之志
	48	过泰山偶赋	汪广洋	"天低众山小，星拱一峰秋""岱宗与恒岳引领日东头"	丘陵与主峰之势	定国安邦之志
	49	岩岩亭送陈参政归山东	李时勉	"岱宗磅礴""翠色横秋""孤亭屹立"，让人伤感气象万千，变化无常	丘陵与主峰之势	怀古之意
	50	登岳	王仚与	岱宗万仞，数峰插天，一登足以尽兴	泰山之高	登高尽兴
	51	泰山杂咏（六首）	吴节	—	遗址遗迹	感慨事物变迁
	52	登泰山	徐有贞	步移景异，人行九天，可观云海，可看日出，心中仍恋帝京	望观天下；日出	报国之心
	53	祷雪	年富	感慨泰山的化育之功，上香求丰年	—	祈求国泰民安
	54	登泰山	李裕	历代"封禅无迹"，"碑铭"半数"青苔"，但仍是"英灵"之地，除产"霖雨"，还出"英才"	遗址遗迹	报国之心
明	55	登泰山	周豪	泰山之巅，有仙人、菡萏、霞君	天境、道观	求仙思想
	56	初登泰山	张盛	岱宗嵯峨，气象万千。春光晓色中一片青翠，犹见秦王封禅之碑。来到登眺之处，感到苍天只在咫尺	望观天下；遗址遗迹	报国之心
	57	大夫松	张文	—	古树	感慨政治
	58	登岱宗	徐源	摩崖字被青苔所蚀，封禅台仅剩一土坯	遗址遗迹	感慨事物变迁
	59	登泰山	乔缙	登山之艰难，眺望齐鲁，敬拜元君庙	道观	祈求民安
	60	登泰山	司马亚	泰山"万丈翠屏"，秦汉丰碑已没。此情此景，思念起远方的友人	望观天下；遗址遗迹	怀友
	61	明堂怀古	毕瑜	"断碑残砾不胜愁"	遗址遗迹	怀古伤怀
	62	舍身崖	毕瑜	—	古代事迹	孝道思想
	63	无字碑	毕瑜	—	遗址遗迹	怀古之意
	64	登泰山次司马晕	赵英	"东瞻沧海""北望瑶京"	望观天下	为当朝歌功颂德

朝代	编号	古诗名称	作者	泰山主要特征描述及联想的情境	主要体验内容	主要思想
明	65	泰山	夏寅	"数千年事"已"渺茫",只寻"弱水蓬莱"	—	"求仙思想"
	66	登泰山(二首)	潘祯	观千年沧海,"龙自戏""鹤常闲""起立中峰看世寰",但求"一笑空万古"	天游的经历	隐逸思想
	67	登泰山	王弼	泰山"下蟠沧海上青天",引得孔子、秦皇前来,但独羡慕李白,"坐临红日观云烟"	泰山通天接地之势;层霄之景	隐逸思想
	68	登泰山	邵庄	登临泰山,"四望茫茫",观"东海日出",方信天下小,当追随宣圣	望观天下	儒家思想
	69	祠岱宗不果登览有作	黄景	—	古代事迹	感慨事物变迁
	70	登泰山	王经	登高方觉"宇宙宽""孤峰擎日月",泰山亘绵万里。感慨三代君臣共同克艰的日子	丘陵与主峰之势	报国之心
	71	登泰山	张岫	"石径萦纡",所见尽是"碧空",古树、野花、古松、风、月、云顶	山水美景	逸情畅神
	72	登泰山	刘丙	"摩崖古字""御帐台空"	遗址遗迹	登高雄心
	73	登岳	潘楷	更高一览"万山微",似乎隔"仙岛"很近	望观天下;仙境	"求仙之心"
	74	登岳(四首)	王守仁	晓登泰山,见"光散岩壑""云梯挂壁"、听"峰顶笙乐""青童相依";感受"天门崔嵬","绝人世";观日出,感慨世事变迁;"危泉""穿崖"等十分险恶,犹如尘世容易失足。唯有坐日观方可"笑天风"	仙境	"求仙之心"
	75	泰山高	王守仁	泰山"直出青天","海日初涌,照耀苍翠"	泰山之高	敬畏泰山
	76	五松	张璿	—	古树	借古讽今
	77	秦松	卢琼	—	古树	借古讽今
	78	登岳漫题	陈琳	"奇峰拔地","参天插地","兴云吐雾",来此一观,以"祛尘俗"。尊崇空子圣贤,其功勋可记录在摩崖,而封禅等早已过去	遗址遗迹;望观天下	净心;怀古之意

朝代	编号	古诗名称	作者	泰山主要特征描述及联想的情境	主要体验内容	主要思想
明	79	同余侍御再登泰山次韵	陈琳	泰山"古迹"与"仙侣"相伴。可以"寻汉禅""谛秦观"。登山步步艰，感觉"风云生足下"，仿佛"出人间"	遗址遗迹；仙境	避世之心
	80	和王阳明御帐壁间韵	陈琳	在天梯上"凭虚眼自空"，回想古今，一切皆空。身在雷云之上，可摘星辰	遗址遗迹；仙境	避世之心
	81	登泰山	秦金	经历"萦纡"的十八盘，终登泰山。在绝顶东观蓬莱，南看宇宙，仿佛将自己从尘世的腐儒中唤醒	遗址遗迹；望观天下	避世之心
	82	登岳	柴奇	从登封门出发登泰山，去除以上的尘埃。一路经历巉岏峻峭的山峰。终于可以极目观海。往事已远，坛社已空。只能"抚景叹息"	遗址遗迹；望观天下	感慨事物变迁
	83	登岳（四首）	边贡	泰山"幽府化机盘地轴，上清真气接天门"。观日出，眺望东海。见仙人古洞，汉禅牢落，感慨岁华	遗址遗迹；望观天下；日出场景	感慨事物变迁；怀古之意
	84	御帐坪	边贡	御帐空台，鸟飞泉鸣。感慨春天不返，惆怅昔人不再	遗址遗迹；望观天下	感怀友人
	85	回马岭	边贡	回马岭春天花草萋萋，看不见去处，只见"白云岩畔栖"	春景	—
	86	登岳（二首）	乔宇	泰山"分日月""变云烟"，山脉厚重"接盘地"，"上配天"。所以"百灵朝拱"。江海不过秋毫。何不"访蓬瀛去"	泰山通天接地之势	敬畏泰山；"求仙之心"
	87	登岱	许逵	登山之路"峻岩险壑乱如从"。登上方知泰山乃"真雄镇""高压蓬瀛"	泰山之高与	敬畏泰山
	88	登岳	王廷相	"一览小天下""三更见日躔"，感到"蓬莱咫尺"	望观天下；日出场景	"求仙之心"
	89	登岳	赵鹤	在峰林中兜转，听"鸣钟"，望青苍，拜"灵氛"，过"僧家"	日出场景；仙境	闲适之情
	90	登岳	许成名	登高长啸	望观天下；遗址遗迹	感慨人生
	91	望岳	李东阳	泰山"烟霞""云雨"变换，乃精灵之地。在这里愁日观，随风而去，又提醒自己应当忧国忧民	望观天下；遗址遗迹	忧国忧民之心

朝代	编号	古诗名称	作者	泰山主要特征描述及联想的情境	主要体验内容	主要思想
明	92	登岳书感	章拯	对日观登封（甚至尘世）流俗化，庙宇监司敛财的不满	遗址遗迹	批判流俗
	93	舍身崖	章拯	批判不当的孝举	—	批判流俗
	94	问郑生登岱（二首）	李梦阳	观"海日"，听"岩雷"，东海"似杯"，看秦始皇之后，仍有汉王。表达一种对政治的乐观态度	遗址遗迹	政治追求
	95	仰五岳歌（之一）	李梦阳	泰山西有齐关，南有龟蒙，东有肃然。求仙之路途艰难	道家仙境	"求仙之心"
	96	送太宰石熊峰东祀	马汝骥	描述祭祀之礼	—	—
	97	登岳	周相	泰山是道教圣地，有千年汉柏秦松、唐碑汉勒。"独瞰三千界"，来此拜碧霞元君	遗址遗迹；道家仙境	"求仙之心"
	98	泰山吟	叶份	泰山是群岳之首，临渤海，控黄河，是洞天福地。来此拜碧霞元君，"遥思骑黄鹤"	道家仙境	"求仙之心"
	99	石表	王裕	物是人非，唯有石表仍在	遗址遗迹	感慨事物变迁
	100	登岳（六首）	张鲲	"笙鹤""仙芝""灵光""万木荣""东溪西溪鸟鸣""岩岩亭""悬磴盘梯""高空云雾""玉虚宫殿"，笛声与童子	道家仙境	"求仙之心"
	101	泰山杂咏	张邦教	"势雄神鬼宅，迹胜凤麟游"；"登封毕"，从此"求仙"	道家仙境；遗址遗迹	"求仙之心"
	102	登岳	郑善夫	怀古感今，无处"乞俸钱"。不敢愿望，到处是"祲氛（不祥之气）"	遗址遗迹；古代事迹	怀才不遇之心
	103	登岳	方豪	春上泰山，开"岩花谷鸟"，日观峰上紫雾缭绕，可望蓬莱	仙境；山水美景	"求仙之心"
	104	登岳	杨祐	泰山之路艰险，冰雪未消，望周明堂怀古，希望"绝岳高吹散远愁"	仙境；遗址遗迹	"求仙之心"；忧国忧民之心
	105	登岳	陈沂	登临之路远而险，慢慢海雾消，琳宫环绕，入登封路后，乾坤两分，"诸峰会元气"。登山时，可"回看白云"	仙境；望观天下	闲适之情

朝代	编号	古诗名称	作者	泰山主要特征描述及联想的情境	主要体验内容	主要思想
明	106	登岳	朱节	"涧底环珮声，轻风送潺谖。群峰手可抱，俨若趋仙班"，"大观荡尘襟"	仙境	避世之心；净心
	107	望岳	胡缵宗	"听笙歌玄鹤群""看楼殿紫霞文""斗边细露邀新月，鸟外孤峰挂夕曛"。仿佛将度三溪，接群仙。阴阳变幻	仙境	归隐之心
	108	登岳	胡缵宗	在岱顶"尽秦越""空汉堂"，看云擎三观，仿佛"坐天上""神思飞扬"，凭眺八极	遗址遗迹；望观天下；仙境	逸情畅神
	109	次胡可泉望岳	杨志学	泰山天门之上，日观边上飞瀑高悬，星斗垂落，"蓬瀛隔苍烟""欲从此地学神仙"	仙境	"求仙之心"
	110	登岳	杨志学	日影云起，仿佛"飘飘凌太空"；孤崖之上，松翠溪响；山中阴晴不定，到最高峰忽然天清气朗，可观"蜿蜒山万重"	仙境；山水美景；遗址遗迹	"求仙之心"；感慨岁月变迁
	111	游竹林寺	杨志学	—	寺庙	闲适之情
	112	登封坛	李学诗	在"燔柴"废迹"想象明堂礼"，日观峰也已荒芜	遗址遗迹；古树	讽古
	113	快活三	李学诗	之前的路十分艰难，才知道何为"快活三"	—	世途艰难
	114	大夫松	李学诗	讽秦代为树封官，却不爱民	古代事迹	讽古
	115	登封台	杨维聪	—	古代事迹；遗址遗迹	怀古
	116	秦松	杨维聪	—	古树；古代事迹	讽古
	117	登岱	王讴	"河山自郁盘"。曾经的"燔柴虞狩典，沉璧汉封坛"都已过去。斜阳西下，"翘首望长安"	遗址遗迹	怀古
	118	无字碑	王讴	秦时"东游"的"凤辇空寥落"，只剩下野草野花"自悲"	遗址遗迹	感慨岁月变迁
	119	望岳	蒋瑜	来到碧霞天，听经烧药，欲乘风飘去会群仙	仙境	"求仙之心"
	120	登岳	张铎	"曲坂萦回"，终登绝顶。感慨大雁回来晚了	遗址遗迹	乡愁
	121	望岳	张铎	泰山从云中俯瞰芳洲，"积雪春融"，"凄凉物候动乡愁"	泰山通天之势	乡愁

朝代	编号	古诗名称	作者	泰山主要特征描述及联想的情境	主要体验内容	主要思想
明	122	登岳	邵经济	岱宗云雾缭绕，丘陵盘盘	日出场景；寺庙；仙境	寻求真意
	123	登岳	刘淮	在日观峰观下界，寻仙人，登临小天下	古树；望观天下；仙境	"求仙之心"
	124	望岳	廖道南	岱宗高耸，凌苍穹。在日观观日出，"月嶂烟朦胧"，听飞泉，赏芙蓉，寻仙子，畅想仙国	仙境；日出场景	"求仙之心"
	125	咏日观	廖道南	日月星辰周而复始，感慨"乾象涵真精"	日出场景；仙境	寻求真意；"求仙之心"
	126	登岱	王宠	泰山"六龙开御道，三峰插天门。举手蓬莱近，荡胸齐鲁吞"	泰山通天接地之势	敬畏泰山
	127	登岳	陈凤梧	绝顶气象忽然变化，客可听松涛吹得千岩响，可看夜月	泰山绝顶气象	"求仙之心"
	128	登岳	曾铣	泉流不断，祈祷年丰。登临仿佛"尘襟脱"	泰山霖雨、泉水	净心；祈祷丰年
	129	登岳	蔡经	"石磴萦回"，摩崖字蚀，碧草侵占了封禅坛。在日观峰望东海，一览河山壮	遗址遗迹；日出场景	歌功颂德
	130	五松亭	蔡经	—	遗址遗迹；古树	怀古
	131	登岳	岳伦	泰山山顶"钟声散虚谷，松柏留夕曛"，近蓬莱接紫气	仙境	"求仙之心"
	132	登岳	聂静	路过汉碑，秦松。石阶仿佛银河一般，直至瑶台。尽管将要日落，仍然要登上最高峰	遗址遗迹；古树	登高之雄心
	133	泰山行台（三首）	周琉，等联句	与友人共享仙境。在花下壶觞，灯前歌舞	仙境；古树	闲适之情
	134	登岳	胡经	泰山是乾坤开辟时出现的。上接天云，可观海上旭日。万象清除了"尘想"，在此可以"寄踪"	泰山临海接天	"求仙之心"
	135	舍身崖	张衮	—	—	批判不当孝道思想
	136	登日观峰	张衮	观日出之时，感慨"百年封禅地，功德欲何如"	日出场景；遗址遗迹	感慨事物变迁
	137	登岳	潘埙	风云、日月、颢气、灵氛，这些也在告诉人们要"报本心"，想乘仙鹤飞上碧云	仙境	"求仙之心"

朝代	编号	古诗名称	作者	泰山主要特征描述及联想的情境	主要体验内容	主要思想
明	138	南天门和陈石峰	潘珍	重门万仞，隔绝尘寰；一笑下山去	天游的经历	登临的快感
	139	秦松	萧璆	—	古树	怀古
	140	秦松	胡伸	草木犹蒙国帝恩，儒生却无机会	古树	怀才不遇之心
	141	秦松	龙瑄	当年秦皇封禅之处，如今只古松	古树；遗址遗迹	怀古
	142	登岳	白世卿	体验"五更可观日""三伏早生秋"，雨从山腰下起，泉从石眼流出。泰山有灵气可通变化，走神州	泰山气象	敬畏泰山
	143	泰山雪后	姚奎	冬季的泰山，"冻树裹花""寒溪结玉"；山中僧人听到有人路过，敲数声清磬，出来迎客	寺庙幽静之境	闲适之情
	144	五松歌用东坡韵	姚奎	—	古树	借古伤怀
	145	登岳	章忱	"仰视九霄""俯览八极"，想起孔子，怅然之心油然而生	望观天下；遗址遗迹	怀古之意
	146	登岳用杜甫韵	张鹏	赏日落之感慨	日落场景	感慨时光之逝
	147	登岳	周瑛	泰山千峰拥簇，万壑逶迤。有"雄胜"之气势，控制着封土。想起当年秦宋旧事，感慨良多。这里有如此多奇观，不如"拟谒真仙"	泰山通天接地之势；遗址遗迹；泰山气象	怀古之意；"求仙之心"
	148	登泰山	郑大同	"齐鲁空千里，星辰仅一层"	泰山通天接地之势	敬畏泰山
	149	登泰山	杨抚	"深谷函星斗，中天启画图。几回千气象，一览尽寰区"，还可"追访虞周事"	泰山气象；望观天下	敬畏泰山；怀古之意
	150	登岱岳（三首）	梅守德	"晓气氤氲""岩光喷薄""参差绀宇临丹壑，紫翠烟萝挂石门"。还有"沧海波涛浮日月，朝昏风雨别乾坤。"于是"渐觉尘寰小"。想起当年秦宋封禅旧事多感慨	日出场景；泰山气象；望观天下；仙境；遗址遗迹	感慨事物变迁；怀古之意
	151	灵岩（二首）	梅守德	经历了"石磴千崖转，风泉万壑深"，终于找到禅林。寺庙却有些华丽雄伟，所以"寻幽欢不极"	寺庙幽静之境	寻幽之心

朝代	编号	古诗名称	作者	泰山主要特征描述及联想的情境	主要体验内容	主要思想
明	152	甘露泉	梅守德	灵泉洗心、润物，与碧树苍崖相掩映，仿佛离开尘嚣，清兴悠然	泰山霖雨、泉水	净心
	153	登岳	窦明	"一顾尘氛消，清风生两腋"	天游经历	净心，畅神
	154	岱宗（二首）	许应元	"碑忆汉封""树留秦岱""阳池日浴""阴洞云流"，感叹沉冥	古树；遗址遗迹；泰山之霖雨、泉	感慨事物变迁
	155	同蔡行人登蒿里环翠亭	许应元	与友人共赏"青林""翠甸"等美景	山水美景	隐逸思想
	156	重过泰山	许应元	过了十年重登泰山，已经两鬓斑白，更感登危	登山之艰难	感慨时光之逝
	157	泰山别诸门人	许应元	—	—	仕途之心
	158	登岳	范瑟	"云河漠漠栖岩畔，风影冷冷十八盘。玉女泉飞山亦润，芙蓉峰绝暑犹寒"，看星斗，感慨百年尘世、万里乾坤一笑看	泰山霖泉；泰山通天之势	看破尘世
	159	登岳	马骥	"万壑秋风""满山云气"，曾经的秦汉格局已经渺茫	泰山通天之势；泰山气象；遗址遗迹	怀古之意
	160	怀秦岳	黄省曾	"孤看海日流"	日出场景	借古伤怀；孤独之情
	161	泰山颂	王邦瑞	—	—	定国安邦之志
	162	同许泰安登蒿里环翠亭	蔡汝楠	与友人春日里同游蒿里，"风花春载柔"，一起"仗剑""传杯"	春日美景	隐逸思想；闲适之情
	163	泰山书院古柏	蔡汝楠	—	古树	—
	164	登岳（三首）	高海	芙蓉峰瑞烟缭绕。紫风明月，雨霁夜深见蓬莱。胸中尘土也都消失了，只有一枕清泉不断流。终于经历了万折石梯，到达天表。顿感"眼界阔""寰宇小"，可观日出、望八极	泰山霖泉；登山艰难；望观天下；泰山气象；日出场景	净心；"求仙之心"
	165	舍身崖	李炯然	—	—	批判不当的孝道
	166	登岳	成周	泰山"吞吐烟云"，"荡摩日月"。感慨"秦碑无字名空在，唐刻磨崖藓自封"	泰山气象；遗址遗迹	借古伤怀

续表

朝代	编号	古诗名称	作者	泰山主要特征描述及联想的情境	主要体验内容	主要思想
明	167	明堂	周津	登眺周名堂，希望得到孟子的真传	遗址遗迹	儒家思想
	168	登岳	郑芸	—	—	避世之心
	169	登岳	汤绍恩	泰山"山云拥道""追思千古登封迹，暮霭荒台掩翠微"	泰山气象；遗址遗迹	敬畏泰山；怀古之意
	170	登泰山（二首）	傅镇	泰山之高，"芝盖天门路，云旗日观台"。看到沧海也变得渺小。回想起秦宋旧事，感慨颇多。再看庙宇大殿依靠秋山，山顶岩石比天还低	泰山之高；泰山气象	怀古之意；敬畏泰山；礼神
	171	登绝顶	李纶	雨霁之后群山发青，如今汉已不在，只有孔子思想还在。俯仰之间，看不到乾坤之际	遗址遗迹；望观天下；山景	感慨事物变迁，天地之广
	172	登岳（二首）	王廷干	泰山直逼中天，可穷八极	泰山通天；日出场景；庙宇紫烟	避世之心
	173	从桂峰侍御二月登山阻雪	刘焘	春花、碧殿、苍崖、树，回忆秦汉之事。然后上日观峰瞻东海，欲驾鸾飞去	仙境	"求仙之心"
	174	登泰山	王汝孝	"悬崖衔日"，"石磴拂云"。泰山"千年秀""乾坤一指中"，还是昔日封禅之地	泰山通天之势；遗址遗迹	登眺意无穷
	175	登泰山	郭鋆	泰山"峰峦壁立""初分太极""郁郁古松""层层石磴""山桃野杏""曲涧方泉"，还有"秦汉登封"遗迹	山水美景；遗址遗迹	闲适之情
	176	登岳	经彦宷	泰山离天近，"凌八极"，并将民间疾苦告知神尧	泰山通天之势	祈求国泰民安
	177	游竹林寺	汪伊	冒暑寻幽。一路"攀藤行曲径，嗽石听轰雷"，终至寺庙	寺庙幽静之境	寻幽之心
	178	登岳	仲言永	"游赏方殷烟月上，风林遥送暮钟微"	仙境	闲适之情
	179	游石屋	林应麒	"绣壁忽开丹地穴，灵泉疑泄洞天深"，一面"云磴空中转"，一面是"下界烟花"	幽境	寻幽之心
	180	游岱岳	浦应麒	"秀色千峰合""灵源万籁潺""星汉当头近，烟云满目班"。感到"悠然小天下"	泰山霖泉；泰山通天之势；望观天下	闲适之情

续表

朝代	编号	古诗名称	作者	泰山主要特征描述及联想的情境	主要体验内容	主要思想
明	181	登岳	杜泰	泰山东连沧海，西望昆仑	仙境	"求仙之心"
	182	元日登泰山南麓	谷继宗	"雪抱翠屏鹰自化，云披丹壑鹿多驯"，终究还是"吹笙侣"	仙境	闲适之情
	183	登岳	刘尔牧	"谷风吹海树，晴日扈山夷。金阙云边出，玉绳象外低"	日出场景	雄心壮志
	184	登泰山（四首）	陶钦皋	"泰山孤雄"，绝顶"唇气齐浮仙阙紫．岚光细染客衣班""日傍丹梯愁窈窕．风生玉树夜闻珊""炉薰""古殿钟"，从此"青霄白露洗芙蓉"	仙境	"求仙之心"
	185	登泰山	徐绅	欲登绝顶一看玉皇宫，"半夜日光摇海色，四时香雾卷天风。"回望城郭，已不知云壑几重	泰山气象	登高尽兴
	186	登岳	吴遵	泰山"倚碧霄"，西面登山道远路迥，东面向着太阳可观日出。秦树汉坛犹在	遗址遗迹；泰山通天之势	怀古
	187	登岳	吴伯朋	泰山之巅可望千年齐鲁、万里江河，汉畤秦封已不在，但苍松仍在。顿时心生飞扬之意，"漫酌流霞唤谪仙"	仙境；遗址遗迹	闲适之情；"求仙之心"
	188	又次吴初泉韵（二首）	吴伯朋	泰山接天通地。登高望远，"恋长安望帝朝""读尽碑崖怜异代，书无封禅感清朝"	遗址遗迹；望观天下	借古伤怀
	189	游灵岩寺次鲜于侁韵	吴伯朋	"禅房深深依花木，钟磬冷冷度云烟"	寺庙幽静之境	寻幽之心；感慨浮名
	190	登岳	方正修	"孔眼天下小，扶桑人大观。五云试翘首，何处是长安？"	望观天下；日出场景	怀古之意
	191	登泰山	沈应龙	"山空绝尘嚣，悠然闻天籁。飞仙招我游，乘鸾忽长迈"，日观沧海，眺望吴越黄河，坐石吟诗。感叹秦封汉畤荒草外	望观天下；日出场景；遗址遗迹	怀古；"求仙之心"；定国安邦之愿
	192	泰山纪游	曾钧	泰山崔嵬，"千丈灵光""楼阁依天开"，回忆秦汉之事，感慨"乾坤空万劫"	日出场景；遗址遗迹	看破尘世；感慨世事变迁
	193	登泰山（二首）	雍焯	"青山盘礴""日观沧海""百代登封""万方香火"，绝顶一览"旷宇空"	泰山通天；日出场景；遗址遗迹	登高尽兴
	194	登岳（二首）	何廷钰	探奇贤看，追忆孔子	—	怀古之意

朝代	编号	古诗名称	作者	泰山主要特征描述及联想的情境	主要体验内容	主要思想
明	195	登岳（二首）	马三才	"览胜春游万里来，仙宫缥缈入云隈。秦松披拂仍余荫，汉帝登封空故台"。白发回首，倍感惆怅	春景；仙境；遗址遗迹；古树	借古伤怀；闲适之情
	196	登泰山忆少严傅公	段顾言	"秦汉旧封"已不在，"海明日观，风动天门"，不禁"对景触怀"	遗址遗迹；日出场景；泰山气象	怀古之意
	197	游泰岳篇	姜良翰	泰山拔地而起，盘礴数千里。"鸟道联绵""龙楼偃卷"，观东海日出，觉星辰之近。感慨"山河大地终然幻"	泰山通天；日出场景；庙宇紫烟；遗址遗迹	隐逸思想
	198	陪侍御段公登岱	徐文通	"霞宫高耸白云层，迢递天门骢马登。龙虎霄眠惊曙日，风雷昼掩避霜鹰"，感慨"谁深天下计"	—	忧国忧民之心
	199	又登岳（二首）	王遴	"绝涧""孤峰""玉女""青鸾"，让人悠悠幻想，忘记尘踪。登上绝顶，一览乾坤，感慨封禅不在，只有"后人怜"	仙境；遗址遗迹；望观天下	闲适之情；怀古之意
	200	登泰山（二首）	王教	泰山"三十六盘路萦回"。"冥冥元气压洪漾，太始还司造化功"。"宣尼此日曾开睫，庄叟何年识御风。七十二君空故事，圣朝崇正礼偏隆"	泰山之高；泰山气象	怀古之意；歌功颂德

Figure　附图

图例
←→ 山脊廊道
—— 河流水体
—·— 风景区边界（规划中）
—··— 外围保护地带边界（规划中）

N
W E
S
0 625 1250 2500 3750 5000m

图 4-8　泰山风景名胜区与周边的山脊廊道

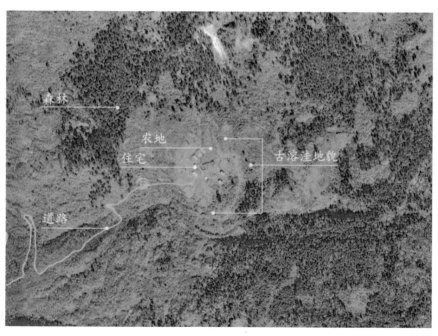

图 4-10　九寨沟黑果寨景观格局

图 4-11　九寨沟黑果寨

（图片来源：赵智聪　摄）

图 4-16　从泰山风景名胜区西侧大津口村望泰山

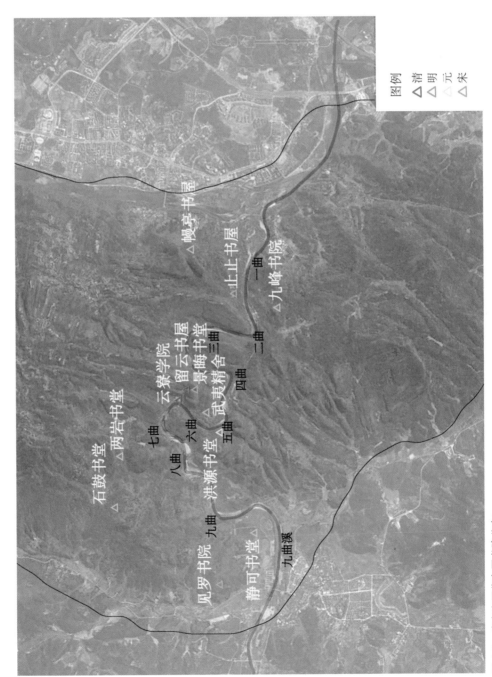

图 6-8　武夷山历代主要书院分布

图例
△ 清
△ 明
△ 元
△ 宋

石鼓书堂
△两岩书堂

云寮学院
七曲
八曲
六曲
留云书屋
△景晦书堂
△武夷精舍
五曲
四曲
三曲
幔亭书屋
二曲
止止书屋
一曲
△九峰书院

见罗书院　洪源书院
九曲
静可书堂△
九曲溪

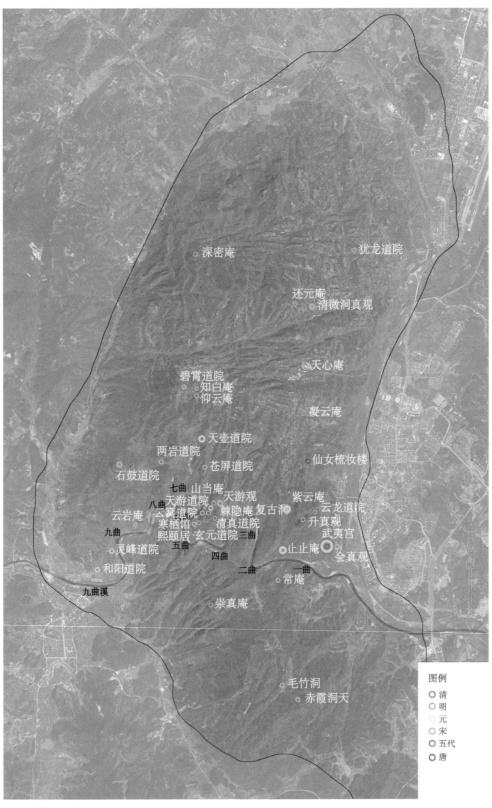

深密庵　　　　　　　　　犹龙道院

还元庵
　　　清微洞真观

天心庵

碧霄道院
　知白庵
　仰云庵
　　　　　　　　凝云庵

　天壶道院
两岩道院
　　苍屏道院　　　仙女梳妆楼
石鼓道院
　　　七曲　山当庵　　紫云庵
　　　八曲　天游道院　天游观　　　云龙道院
云岩庵　云窝道院　棘隐庵复古洞　升真观
　　　栖栖馆　清真道院　　武夷宫
九曲　熙颐居　玄元道院三曲
灵峰道院　　五曲　　　止止庵
　和阳道院　　四曲　　　会真观
　　　　　　　　二曲　　一曲
九曲溪　　　　　　　　常庵

　　　崇真庵

图例
○ 清
○ 明
○ 元
○ 宋
○ 五代
◎ 唐

毛竹洞
　赤霞洞天

图 6-9　武夷山历代主要道观分布
（图片来源：根据《武夷山志》整理绘制）

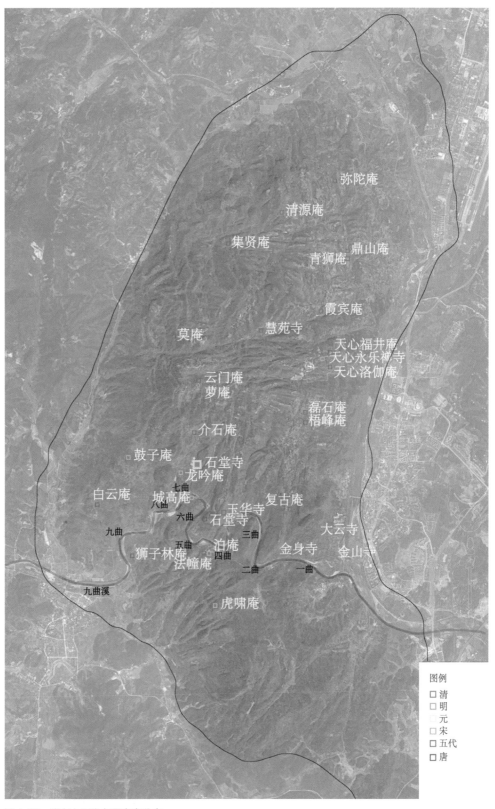

弥陀庵

清源庵

集贤庵

青狮庵　鼎山庵

霞宾庵

莫庵　　慧苑寺

天心福井庵
天心永乐禅寺
天心洛伽庵

云门庵
萝庵

磊石庵
梧峰庵

介石庵

鼓子庵

石堂寺
龙吟庵

白云庵　　城高庵
七曲
八曲

六曲
五曲
石堂寺　　玉华寺　复古庵
三曲　　　　大云寺
泊庵
四曲　金身寺　金山寺
二曲　　　一曲

九曲

狮子林庵
法幢庵

九曲溪

虎啸庵

图例
□ 清
□ 明
□ 元
□ 宋
□ 五代
□ 唐

图 6-10　武夷山历代主要寺庙分布
（图片来源：根据《武夷山志》整理绘制）

［1］ 张同升，李金路. 成绩斐然，任重道远——中国风景名胜区资源保护30年回顾［J］. 中国园林，2012（11）：16-19.

［2］ ICOMOS, ICCROM, IUCN, UNESCO World Heritage Centre. Guidance on the preparation of retrospective Statements of Outstanding Universal Value for World Heritage Properties[EB/OL].2010[2021-2-3]. https://www.iucn.org/sites/dev/files/import/downloads/whouven.pdf.

［3］ 麦库尔，胡一可. 全球视野与本土经验：中国世界遗产突出的普遍价值及其在保护与管理中的运用［J］. 风景园林，2011（1）：102-113.

［4］ 谢凝高. 中国的名山大川［M］. 北京：商务印书馆，1997.

［5］ 周维权."名山风景区"浅议［J］. 中国园林，1985（1）：43-46.

［6］ 谢凝高. 山水审美人与自然的交响曲［M］. 北京：北京大学出版社，1991：117-122.

［7］ 王秉洛. 我国风景名胜区体系的建立和发展［J］. 中国园林，2012（11）：5-10.

［8］ BROOKS G.The Burra Charter: Australia's Methodology for Conserving Cultural Heritage [J].Places, 1992, 8(1): 84-88.

［9］ GIBSON L, Pendlebury L. Valuing Historic Environments[M]. Farnham, Surrey, United Kingdom: Ashgate, 2009.

［10］ RIEGL A.The Modern Cult of Monuments: Its Essence and Its Development (1903)[J]. Price N, Kirby M T J, Vaccaro A M.Historical and Philosophical Issues in the Conservation of Cultural Heritage.Los Angeles, CA: Getty Conservation Institute, 1996.

［11］ POULIOS L. Moving Beyond a Values-Based Approach to Heritage Conservation [J]. Conservation and Management of Archaeological Sites, 2010, 12(2): 170-185.

［12］ Australia ICOMOS. Code on the Ethics of Co-existence in Conserving Significant Places [EB/OL].1998[2016-2-7]. http://australia.icomos.org/wp-content/uploads/Code-on-the-Ethics-of-Co-existence.pdf.

［13］ MASON R. Fixing Historic Preservation: A Constructive Critique of "Significance" [J]. Places, 2004, 16(1): 64-71.

［14］ GOODWIN C, INGHAM JM, TONKS G. Identifying Heritage Value in URM Buildings [J]. SESOC Journal, 2009, 22(2): 16-28.

［15］ WATERTON E, SMITH L, CAMPBELL G.The Utility of Discourse Analysis to Heritage Studies: The Burra Charter and Social Inclusion [J]. International Journal of Heritage Studies, 2006, 12(4): 339-355.

［16］ WORTHING D,BOND S. Managing Built Heritage: The Role of Cultural Significance [M]. London, UK: Blackwell Publishing Ltd,2008.

［17］ SHORE N. Whose Heritage? The Construction of Cultural Built Heritage in a Pluralist,Multicultural England [M].Newcastle upon Tyne: Newcastle University, 2007.

［18］ AVRAMI E, MASON R, MARTA D L T.Values and Heritage Conservation[M]. Los Angeles, CA: The Getty Conservation Institute, 2000.

［19］ SHARPLES C. Concepts and Principles of Geocon-servation: Version 3[M/OL].Tasmanian Parks and Wildlife Service, 2002[2016-02-05]. http://dpipwe.tas.gov.au/Documents/geoconservation.pdf.

［20］ Te Papa Atawhai Tongariro. Tongariro National Park Management Plan[EB/OL]. (2006-10). https://www.doc.govt.nz/about-us/our-policies-and-plans/statutory-plans/statutory-plan-publications/national-park-management/tongariro-national-park-management-plan/.

［21］ 郑淑明，王文崇."assess"和"evaluate"辨析与翻译［J］. 中国科技术语，2012，14（3）：27-32.

［22］ Scottish Natural Heritage: Guidance For Identifying The Special Qualities Of Scotland's National Scenic Areas[EB/OL]. (2008-01-29). https://www.nature.scot/national-scenic-areas-guidance-identifying-special-qualities-nsas.

［23］ The CountrySide Agency.National Park Management Plans-Guidance[EB/OL]. (2005-10-01). https://webarchive.nationalarchives.gov.uk/20140605121942/http://publications.naturalengland.org.uk/publication/45014.

［24］ Scottish Natural Heritage: Guidance For Identifying The Special Qualities Of Scotland's National Scenic Areas[EB/OL]. (2008-01-29). https://www.nature.scot/national-scenic-areas-guidance-identifying-special-qualities-nsas.

［25］ 杨锐."风景"释义［J］. 中国园林，2010，26（9）：1-3.

［26］ 杨锐，王应临. 从《四部丛刊》略考"风景"［J］. 中国园林，2012，28（3）：34-37.

［27］ 陈望衡. 中国美学理论的觉醒—论孔子美学的意义［J］. 天津社会科学，1993（5）：90-96.

［28］ 陈望衡. 交游风月［M］. 武汉：武汉大学出版社，2006.

［29］ 陈望衡. 玄妙的太和之道：中国古代哲人的境界观［M］. 天津：天津教育出版社，2002.

［30］ BERKES F, FOLKE C.Linking Social and Ecological Systems: Management Practices and Social Mechanisms for Building Resilience[M]. Cambridge. UK: Cambridge Univ. Press, 1998.

［31］ 陈望衡. 中华文化的美学智慧［J］. 吉首大学学报（社会科学版），2003（2）：1-8:76.

［32］ Palmer C, Mcshane K, Sandler R. Environmental Ethics [J].The Annual Review of Environment and Resources, 2014(39): 419-42.

［33］ 吴良镛，吴唯佳，毛其智，等. 建设文化精华区，促进旧城整体保护［J］.北京规划建设，2012（1）：8-11.

［34］ 张兵. 历史城镇整体保护中的"关联性"与"系统方法"—对"历史性城市景观"概念的观察和思考［J］. 城市规划，2014，38（z2）：42-48，113.

［35］ BRADLEY B.Two Concepts of Intrinsic Value [J].Ethical Theory and Moral Practice, 2006(9): 111-130.

［36］ BRADLEY B. Is Intrinsic Value Conditional? [J]. Philosophical Studies, 2002(107): 23-44.

［37］ AUDI R. Intrinsic Value and Moral Obligation [J].The Southern Journal of Philosophy, 1997(35): 135-154.

［38］ SMITH I.The Intrinsic Value of Species: Why Save the Humpback Chub? [M]. Salt Lake City: The University of Utah, 2007.

［39］ 陈耀华, 刘强. 中国自然文化遗产的价值体系及保护利用 [J]. 地理研究, 2012, 31 （6）: 1111-1120.

［40］ 张慧远. 武夷山扣冰古佛及其禅法思想 [M]. 刘家军. 闽文化与武夷山. 厦门: 厦门大学出版社, 2008.

［41］ 李继生. 泰山遗产的特征及其价值 [J]. 中国园林, 1989（1）: 57-58.

［42］ 牛敬飞. 五岳祭祀演变考论 [D]. 北京: 清华大学, 2012.

［43］ 蔡泰彬. 泰山与太和山的香税征收、管理与运用 [J]. 台大文史哲学报, 2011, 5（74）: 127-179.

［44］ 周尚意. 文化地理学研究方法及学科影响 [J]. 中国科学院院刊, 2011（04）: 415-422.

［45］ 弗雷德里克·斯坦纳. 生命的景观: 景观规划的生态学途径 [M]. 北京: 中国建筑工业出版社, 2004: 117.

［46］ 杨俊义, 郭建强, 彭东. 九寨沟风景名胜区水循环模式 [J]. 四川地质学报, 2000（2）: 155-157.

［47］ 刘少英, 章小平, 曾宗永. 九寨沟自然保护区的生物多样性 [M]. 成都: 四川出版社集团·四川科学技术出版社, 2007.

［48］ 吴晓颖. 九寨沟生态地质特征与可持续发展研究 [D]. 成都: 成都理工大学, 2007.

［49］ 郭建强, 范晓, 杨俊义, 等. 四川九寨沟水循环系统研究 [C]//中国地质学会. "九五" 全国地质科技重要成果论文集. 北京: 地质出版社, 2000.

［50］ 汤贵仁, 刘慧. 泰山文献集成: 第五卷 [M]. 泰安: 泰山出版社, 2005.

［51］ 应思淮. 泰山杂岩 [M]. 北京: 科学出版社, 1980.

［52］ 政协九寨沟县委员会. 九寨沟县文史资料（第5辑）: 九寨沟县民歌文化 [M]. 阿坝州: 政协九寨沟县委员会, 2004.

［53］ 陈云飞. 略论唐宋时期西湖茶禅文化的历史地位 [J]. 茶叶, 2009, 35（2）: 114-119.

［54］ 朱海燕. 中国茶美学研究——唐宋茶美学思想与当代茶美学建设 [D]. 长沙: 湖南农业大学, 2008.

［55］ BRADLEY B. Is Intrinsic Value Conditional? [J]. Philosophical Studies, 2002(107): 23-44.

［56］ 王绍增. 主编心语 [J]. 中国园林, 2012 （11）: 1.

［57］ 宋峰, 熊忻恺. 国家遗产·集体记忆·文化认同 [J]. 中国园林, 2012（11）: 23-26.

［58］ 陈耀华, 刘强. 中国自然文化遗产的价值体系及保护利用 [J]. 地理研究, 2012（6）: 1111-1120.

［59］ 赵智聪. 作为文化景观的风景名胜区认知与保护 [D]. 北京: 清华大学, 2012.

［60］ 许晓青. 中国名山风景名胜区审美价值识别与保护 [D]. 北京: 清华大学, 2015.

［61］ 徐婕. 风景名胜区保护培育规划研究 [D]. 上海: 同济大学, 2008.

［62］ 谢宗睿. 富士山 "申遗" 成功开发保护陷两难 [N]. 光明日报, 2013-06-23（8）.

［63］ 彭琳, 赵智聪. "心意传承" 与 "模型传承" —文化景观中非物质文化要素保护的日本 [68] 模式借鉴 [J]. 中国园林, 2014（4）: 67-70.

［64］ 才津裕美子, 西村真志叶. 民俗 "文化遗产化" 的理念及其实践——2003 年至 2005 年日本民俗学界关于非物质文化遗产研究的综述 [J]. 河南社会科学, 2008（2）: 21-27.

［65］ 陈宗花. 在日常生活中保护非物质文化遗产——以日本无形民俗文化财 "祇园祭" 为例 [J]. 南京艺术学院学报: 美术与设计版, 2011（1）: 23-26.

［66］ 邬东璠. 议文化景观遗产及其景观文化的保护 [J]. 中国园林, 2011（4）: 1-3.

［67］ LEOPOLD A S, CAIN S A, COTTAM C M, et al.Wildlife management in the national parks[C]. the Leopold report.Transactions of the North American Wildlife and Natural Resources Conference, 1963(24): 28-45.

［68］（美）卡尔·斯坦尼兹. 迈向 21 世纪的景观设计 [J]. 景观设计学, 2010, 13（5）: 24.

［69］ ENNOS R A, WHITLOCK R, FAY M F. Process-Based Species Action Plans:an approach to conserve contemporary evolutionary processes that sustain diversity in taxonomically complex groups[J]. Botanical Journal of the Linnean Society, 2012(168): 194-203.

［70］ BEECHIE T, BOLTON S. An approach to restoring salmonid habitat-forming processes in Pacific Northwest watersheds[J]. Fisheries, 1999(24): 6-15.

［71］ BOON P J,RAVEN P J.River Conservation and Management: 1 edition[J].Wiley-Blackwell, 2012(4): 21.

［72］ NABHAN G P.The Dangers of Reductionism in Biodiversity Conservation[J]. Conservation Biology, 1995, 9(3): 479-481.

［73］ WEBER M,SCHMID B.Reductionism, holism, and integrated approaches in biodiversity research[J].Interdisciplinary science reviews, 1995, 20(1): 49-60.

［74］ BEUNEN R, JAARSMA C F, REGNERUS H D. Evaluating the effects of parking policy measures in nature areas[J]. Journal of Transport Geography, 2006, 14(5): 376-83.

［75］ 黄进. 武夷山丹霞地貌 [M]. 北京: 科学出版社, 2010.

［76］ 谢凝高. 武夷山风景区景观特点 [J]. 城市规划, 1982（1）: 41-49.

［77］ 谢凝高, 刘达友. 保护世界自然文化遗产复

兴武夷山水文明 [J]. 风景名胜, 2008 (3)：28-31.

[78] 林蔚文. 闽越原始宗教信仰略论 [C] // 福建省闽学研究会. 探索福建文化重要源头的闽越文化学术研讨会论文集. 福州：海峡文艺出版社, 2001：15.

[79] 乐裕贤. 佛教与武夷山 [C]. 福建省炎黄文化研究会, 中共南平市委宣传部. 武夷文化研究—武夷文化学术研讨会论文集. 福州：海峡文艺出版社, 2002：8.

[80] 张祎凡. "禅茶"的内涵及其民俗文化学研究 [D]. 上海：华东师范大学, 2010.

[81] 雍万里. 武夷山水 [M]. 福州：海潮摄影艺术出版社, 2006.

[82] 王冬梅, 任文辉, 彭少麟, 等. 中国东南部丹霞地貌区珍稀濒危保护物种的初步分析 [J]. 生态环境, 2008, 17 (3)：1063-1073.

[83] 陈宝明, 李静, 彭少麟, 等. 中国南方丹霞地貌区植物群落与生态系统类型多样性初探 [J]. 生态环境, 2008, 17 (3)：1058-1062.

[84] 董天工. 武夷山志 [M]. 北京：方志出版社, 1997.

[85] 刘家军. 闽文化与武夷山 [M]. 厦门：厦门大学出版社, 2008.

[86] 邹全荣. 武夷山村野文化 [M]. 福州：海潮摄影艺术出版社, 2003.

[87] 陈庆元. 朱熹《九曲棹歌》的文化意蕴 [C] // 福建省闽学研究会, 武夷山朱熹研究中心, 武夷山风景名胜区管理委员会. 闽学与武夷山文化遗产学术研讨会论文集：下册, 2006：4.

[88] 金银珍. "海东朱子"论《九曲棹歌》[J]. 常州工学院学报 (社科版), 2012, 30 (2)：27-29.

[89] 来玉英. 韩国岭南学派及其九曲歌系诗歌：朱熹《九曲棹歌》之影响 [J]. 延边大学学报 (社会科学版), 2016, 49 (2)：71-78.

[90] 王利民, 陶文鹏. 论朱熹山水诗的审美类型 [J]. 中山大学学报 (社会科学版), 2010 (1)：28-40.

[91] 邹义煜. 历史时期武夷山儒释道的构成及其关系 [D]. 厦门：厦门大学, 2007.

[92] 夏涛. 白玉蟾与武夷山道教 [D]. 厦门：厦门大学, 2007.

[93] 王会昌. 中国文化地理 [M]. 武汉：华中师范大学出版社, 1992.

[94] 柯培雄. 闽北古村落的选址规划与风水 [J]. 武夷学院学报, 2012 (4)：6-10.

[95] 邹全荣. 武夷山村野文化 [M]. 福州：海潮摄影艺术出版社, 2003.

[96] 特朗博 等编. 牛津英语大词典 (简编本) [S]. 上海：上海外语教育出版社, 2004.

[97] 宋峰, 熊忻恺. 国家遗产·集体记忆·文化认同 [J]. 中国园林, 2012, 28 (11)：23-26.

[98] 陈望衡, 张黔. 中西美学本体论比较 [J]. 民族艺术研究, 2003, (3)：14-28.

[99] Smuts, JC. Holism and Evolution[M]. The Macmillan Company, New York, 1926.

[100] 张忠祥. 史末资的整体论及其实践 [J]. 西亚非洲, 2000, (4)：34-37, 79.

[101] Golley, F. B.. A history of the ecosystem concept in ecology: More than the sum of the parts[M]. London, UK: Yale University Press, 1993: 25-29.

[102] Leopold, A. A Sand County Almanac and Sketches Here and There[M]. Oxford Univ. Press. Cambridge, 1949.

[103] Callicott, JB.. In defense of the land ethic: essays in environmental philosophy[M]. State University of New York Press, Albany, 1989.

[104] Johnson, L.. A Morally Deep World[M]. Cambridge, UK: CambridgeUniv. Press, 1991.

[105] Rolston. H.. Environmental Ethics[M]. Philadelphia: Temple Univ. Press, 1988.

[106] Rolston, H., 刘耳译. 自然价值与价值的本质. 自然辩证法研究. 1999, (2)：42-46.

[107] 陈望衡. 交游风月. 武汉：武汉大学出版社, 2006.

[108] Lindenmayer, D., Hunter, M.. Some Guiding Concepts for Conservation Biology[J]. Conservation Biology. 2010, 24(6):1459-1468.

[109] Minteer, B.A., Miller, T.R.. The New Conservation Debate: Ethical foundations, strategic trade-offs, and policy opportunities[J]. Biological Conservation. 2011, (144): 945-947.

[110] Burger, J., Gochfeld, M., Pletnikoff, K. et al. Ecocultural Attributes: Evaluating Ecological Degradation in Terms of Ecological Goods and Services Versus Subsistence and Tribal Values[J]. Risk Analysis. 2008, 28(5):1261-1271.

[111] Walker, T., Harris, S.A., Dixon, K.W.. Plant Conservation: the Seeds of Success. [Edited by] David W. Macdonald, Katherine J. Willis. Key Topics in Conservation Biology 2[M]. Blackwell, 2013.

[112] Wikramanayake, E., Dinerstein, E., Loucks, C.L., et al.. 2002. Terrestrial Ecoregions of the Indo-Pacific: A Conservation Assessment[M]. Island Press, Washington, DC.

[113] Lindenmayer, D., Hunter, M.. Some Guiding Concepts for Conservation Biology. Conservation Biology[J]. 2010, 24(6): 1459-1468.

[114] Robinson, J.G.. Ethical pluralism, pragmatism, and sustainability in conservation practice. Biological Conservation[J]. 2011, (144): 958-965.

[115] Ward, J. V.. RIVERINE LANDSCAPES: BIODIVERSITY PATTERNS, DISTURBANCE REGIMES, AND AQUATIC CONSERVATION. Biological Conservation[J]. 1998, 83(03): 269-278.

[116] Sharples, C. Concepts and Principles of Geoconservation(Version 3). Tasmanian Parks and Wildlife Service [M/OL]. http://dpipwe.tas.gov.au/Documents/geoconservation.pdf, 2002[2016-02-05]

[117] Berkes, F., Folke, C. (Eds.). Linking Social and Ecological Systems: Management Practices and Social Mechanisms for Building Resilience[M]. Cambridge. UK: Cambridge Univ. Press, 1998.

［118］Maclean, K., Ross, H., Cuthill, M., Rist, P.. Healthy country, healthy people: An Australian Aboriginal organisation＇s adaptive governance to enhance its social-ecological system[J]. Geoforum. 2013, (45): 94-105.

［119］Santhakumar, V., Rajagopalan, R. Understanding natural-cultural systems for development planning: The problems of developing societies[J]. Systems practice. 1996, 9(5): 421-439.

［120］Makhzoumi, J., Chmaitelly,H., Lteif, C.. Holistic conservation of bio-cultural diversity in coastal Lebanon: A landscape approach[J]. Journal of Marine and Island Cultures. 2012，(1):27-37.

［121］Naveh, Z.. What is holistic landscape ecology? A conceptual introduction[J]. Landscape and Urban Planning. 2000, (50):7-26.

［122］Hgvar, S. 罗天祥译. 保护自然遗产: 观念的发展过程［J］. AMBIO- 人类环境杂志. 1994,（8）: 515-518.

［123］邬东璠, 杨锐. 长城保护与利用中的问题和对策研究［J］. 中国园林. 2008, 24（5）: 60-64.

［124］陈同滨. 基于整体价值的系列集合遗产研究——"长安 - 天山廊道"（中国段）探讨与实践. 北京论坛（2014）文明的和谐与共同繁荣——中国与世界: 传统、现实与未来: "古今丝绸之路: 跨文明的交流、对话与合作"专场论文及摘要集［C］. 北京大学、北京市教育委员会、韩国高等教育财团, 2014.

［125］史蒂文·布朗, 撰文. 韩锋, 程安祺, 译. "连接自然与文化": 西方哲学背景下的全球议题［J］. 中国园林, 2020, 36（10）: 11-17.

［126］Head, L. M. Cultural Landscapes. In D. Hicks & M. C. Beaudry (Eds.), The Oxford handbook of material culture studies[M]. New York: Oxford University Press, 2010.

［127］曾繁仁. 试论生态美学中的生态中心主义原则［J］. 河南社会科学. 2003, 11（6）: 21-25.

［128］谢凝高. 山水审美人与自然的交响曲［M］. 北京大学出版社. 1991,（15）: 117-122.

［129］王绍增. 园林与哲理［J］. 中国园林. 1987,（1）: 18-20.

［130］金吾伦. 从系统整体论到生成整体论［R］. 科学时报. 2006, 11（B03）.

［131］孙慕天, 采赫·米斯特鲁. 新整体论. 哈尔滨: 黑龙江教育出版社, 1996.

［132］黄宝荣, 欧阳志云, 郑华, 等. 生态系统完整性内涵及评价方法研究综述［J］. 应用生态学报. 2006,（11）: 2196-2202.